科普经典译丛

KEPU JINGDIAN YICONG

活力地球

生命的舞台

地球历史演义

◎ 〔美〕乔恩·埃里克森 著

◎ 王朋岭 乔继英 译

首都师范大学出版社

CAPITAL NORMAL UNIVERSITY PRESS

图书在版编目（CIP）数据

生命的舞台：地球历史演义/(美)乔恩·埃里克森著；王朋岭，乔继英译.
—北京：首都师范大学出版社，2010.7
（科普经典译丛.活力地球）
ISBN 978-7-5656-0043-2

Ⅰ. ①生… Ⅱ. ①乔… ②王… ③乔… Ⅲ. ①生物－进化－普及读物
Ⅳ. ①Q11-49

中国版本图书馆CIP数据核字(2010)第130858号

北京市版权局著作权合同登记号 图字:01-2008-2147

活力地球丛书
SHENGMING DE WUTAI—DIQIU LISHI YANYI
生命的舞台——地球历史演义（修订版）
[美]乔恩·埃里克森　著

王朋岭　乔继英　译

项目统筹　杨林玉		版权引进　杨小兵　喜崇爽	
责任编辑　侯奇峰　林　予		封面设计　王征发	
责任校对　李佳艺			

首都师范大学出版社出版发行
地　址　北京西三环北路105号
邮　编　100048
电　话　010-68418523（总编室）　68982468（发行部）
网　址　www.cnupn.com.cn
北京集惠印刷有限责任公司印刷
全国新华书店发行
版　次　2010年7月第1版
印　次　2013 年 2 月第 5 次印刷
开　本　787mm×1092mm　1/16
印　张　18.25
字　数　172千
定　价　43.00元

目录

1   行星地球
陆地和生命的起源

2   太古宙的藻类
早期生命时代

3   元古宙的后生动物
复杂生物体时代

简表

致谢

感谢芝加哥自然历史博物馆、美国航空航天局（NASA）、加拿大国家博物馆、美国国家光学天文台（NOAO）、国家公园局、美国地质调查局（USGS）和美国海军为本书提供图片。

同时感谢主编弗兰克·达姆施塔特，副主编辛西亚·亚兹贝克对本书完成的重大贡献。

序言

如果想要真正地认识一个人，我们可能会从调查他的过去开始，他的成长环境，他年轻时的经历，以及他所经历的任何灾难。对于地球同样应该如此，地球是人类唯一的家园，认识它的过去才能充分地呵护它，这才是人类最明智的选择。为此，我们需要了解地球的历史。

或许我们未曾想过我们的地球多么非凡独特。人类今天之所以能够生存在地球上，是因为一系列惊人的地质事件，其中任何一次都对今天人类周围的生命维系条件起着重要作用。本书讲述令人难以置信的地质事件历史，它们使地球适宜人类居住。邻近恒星太阳与地球保持着恰当的距离，供给地球所需能量，且不过量。月球对地球旋转和倾角产生稳定影响，确保四季更替，春播秋收。地球温度使重要物质——水维持液态分布于大部分的地球表面，扮演着诞生地、支撑系统的角色，是生命的重要组成成分。生命所需化学物质，如氮、磷、钾，均可从古代海洋中获取。如此让人难以置信的事件发生了，生命出现，并迅速演化出至关重要的叶绿素，通过叶绿素可以利用太阳能，推动生命体的发展。

当我们阅读本书，会发现生命演化历程和岩石的历史存在密切、错综复杂的联系。岩层包含古代生物体的碎片和遗迹，使我们能够重建生物的演化历程。同时生物对地球上的沉积物、海洋和大气产生重要影响。例如，正是最初的原始光合生物开始向早期大气释放氧气，对它们而言氧气是能量获取的代谢废物，但正是该产物改变地球的历史，岩石和随后的生命形式都因氧气存在而深受影响。光合作用的形成被认为是唯一最重要的生命演化步骤。因为大气中氧气的存在，环境适合于大量的化学反应，如铁锈及更为重要的反应，该情形为生物侵入内陆创造了条件。

生物的绝对多样性形式超出人们的想象。我们因地球的生物多样性而感到高兴，但现存生物仅为已经消亡而保存在人类脚下岩层中的生物的一小部分。消亡生命形式的化石记录见证了高速的生物灭绝，有时是因为巨大的灾难，如恐龙灭绝时的天体撞击地球。地球演化历史上冰盖周期性地扩展，整个大陆的缓慢移动、分裂、漂移，地壳间的碰撞，同样在岩石和当今生物圈格局上留下印迹。

本书所讲述故事的最后一幕，出现新的主角——人类自身。光合作用形成以后，再也没有其他生物事件能像人类这样对地球产生重大影响。当前地球生物灭绝速度带来的惨重损失，被证明与又一次天体撞击事件相当。希望我们这里给出的对地球生物和地质遗产的评估，能够让读者认识到形势的危急，有助于减少人类对行星地球的影响。或许，本书最后一章将被证实并非故事的真正结尾。

彼得·摩尔 博士

简介

地质学最让人感兴趣的领域是研究地球的过去。地球演化历史记载在岩层之中，化石向人们倾诉生命进化的历程。根据地层类型和化石的丰度，地球演化史被划分为若干地质年代单元。化石记录为认识地球演化历史提供有价值的信息。对于认识生命演化，关于物种起源和生物灭绝的知识同样是必需的。

根据化石所处地质剖面层位，将化石按年代排列，则化石以系统方式演变。该项观察形成历史地质学中一条最重要的基础理论，任何地质年代时期均可由其特殊的生物化石内容来判定。地质学家可依据特定时段丰富、典型的生物种类来识别地质时期。特定生物的出现来定义每一地质时期。同一大陆上的生物序列是相同的，决不会次序颠倒。上述规律成为建立地质年表的基础，并且开创了现代地质学。

本书讲述了地球的形成和生命形式演化进程，从太古宙时期行星地球的早期历史开始，紧接着是元古宙时期更为复杂生命形式的演化，然后依次记述早古生代的无脊椎生命形式，奥陶纪的早期脊椎生命，志留纪的植物生命，泥盆纪的海洋生命和最初的陆生脊椎动物，石炭纪生活于成煤沼泽中两栖动物的演化，二叠纪爬行动物的演化和地球历史上重要的物种灭绝，三叠纪恐龙的演化，侏罗纪的飞行动物和漫游于地球的大型动物，白垩纪的生命形式和地貌及恐龙灭绝事件，第三纪哺乳动物的演化，第四纪大冰期和人类当前所处的间冰期。

地质学和地球科学专业的同学将发现本书对他们继续学习是一本有价值的参考书。读者将会喜欢本书简洁、易读的内容，书中配有引人注目的照片、精美的绘图和有帮助的表格。本书附有全面的术语表，用以解释难懂的术语，科学爱好者将喜爱本书有趣的主题内容，更好地认识现存地球在整个地质历史时期是如何演化而来。

1

行星地球

陆地和生命的起源

本章将要讲述地球的形成和生命的起源。地球形成于特殊的恒星形成时期。银河系中像太阳这样单体、中等体积大小并且有系列行星围绕其旋转的星体是少见的。太阳拥有九大行星，行星又伴有卫星，这在所有的星体中更是罕见的。

漂浮的大陆和不断演化的生命形式，使地球在九大行星中显得尤为独特。地球是唯一具有液态水体海洋和含氧大气圈的行星。行星地球具有一颗体积相对较大的卫星，两者的配对仍难于给出科学解释。在地壳形成、火山释气和彗星脱气的混沌时期，大气圈和海洋开始了演化。众多巨型陨星撞击在地球上，为沸腾的"大锅炉"增加了特殊的成分。肆虐的风暴携带着暴雨和闪电袭来，造成洪水泛滥。生命正是诞生于这样的混乱状态下。

太阳系

追溯到遥远的过去，在约120亿年前，由于最遥远的星系以光速快速远离，从而形成了宇宙。新生宇宙瞬间快速延展膨胀，随后平静下来稳定地增长。膨胀"火球"在约30万年后充分冷却下来，这样基本的物质才能聚集起来形成数亿计的星系，而每一星系又包含数亿计的星体（图1）。在宇宙产生约10亿年后，其体积仅为现今的1/10，此时那些最初的星系才开始发展。

地球所处的银河系是椭圆星系，五个螺旋形臂状物由中心的隆丘向外延伸。新生天体起源于被称为大分子云团的星际气体及尘埃密集区。比太阳大上百倍的大型天体爆发会形成较普通恒星明亮十亿倍的超新星，这样的情形每个世纪均会出现数次。当天体发展至超新星阶段，经历几亿年的高热期后，其内核的核反应高度爆发。天体将脱去其外部覆盖层，而其内核则缩变成为高密度、高温的中子星，类似于将地球缩减至高尔夫球般大小。

源自超新星的天体物质不断膨胀扩展，形成了主要由氢和氦和其他已知元素构成的颗粒物所共同组成的星云。约百万年后，太阳星云塌陷成为一颗恒星。该过程开始于附近超新星的冲击波压缩太阳星云，致使星云物质因重力吸引而塌陷成为原恒星。在太阳星云塌陷时，它旋转速度越来越快，同时螺旋形臂状物剥离快速旋转的星云而形成了原行星盘。与此同时，挤压导致的热量引起了核部的热核反应，这时恒星太阳形成了。

每隔几年银河系就会有一颗新星形成。约46亿年前，太阳作为一颗普通的主序恒星，在银河系浅灰色的螺旋形延伸臂上燃烧发光，它距银河系中心约3万光年。像太阳这样单体、中等体积大小的恒星非常少见，独特的演化过程使它们能拥有行星。天空无数的恒星中间，拥有行星围绕旋转的屈指可数，而孕育出生命的更是微乎其微。

在太阳刚开始燃烧时，强劲的太阳风将太阳星云中的轻质组分吹离，并沉积在太阳系的外围区域。太阳系内部保留的物质主要由石质和金属质碎屑组成，粒径范围从粉砂质颗粒到巨型砾石。在太阳系的外层，温度很低，岩石物质、固态冰屑、固体二氧化碳、甲烷和氨气晶体等物质发生凝聚。太阳系外部的行星，被认为具有地球体积大小的石质的内核，内核又

图1
仙女座大星系是最接近银河星系的旋涡星云（图片由美国国家光学天文台NOAO提供）

被由固态冰体和固体甲烷共同组成的幔部所围绕，而外部厚层大气则主要由氢和氦构成。

　　太阳在其形成后最初十亿年内非常不稳定。太阳输出能量仅有现今强度的70％，提供给地球的热量仅为现在提供给火星的水平。早期的太阳围绕其轴线高速旋转，只需几天时间便旋转一周，而现在地球自转一周仍需要27

天。太阳周期性地扩展到其当前大小的3倍，巨大的太阳火焰向星际空间跳跃至数百万英里（1英里≈1.6千米）。剧烈的太阳活动使太阳向外辐射出更多的热量，促使太阳自身冷却而恢复至正常的体积大小。

在太阳发展的初期阶段，它被原行星盘所围绕着，原行星盘由粗颗粒物构成的多个环带共同组成，被称为星子的粗颗粒物由超新星脱落尘埃物质经吸积增长而成。在太阳系的初期发展阶段，数以万亿计的星子围绕着太阳旋转（图2）。随着星子不断增长，小型的岩石块体开始沿椭圆轨道围绕原始太阳摆荡，而这些轨道均沿着黄道面延伸。

星子持续地相互碰撞变大，部分可以增长至50英里（约80千米）的宽度。但大多数的行星物质仍维持小星子状态。太阳星云中存在的大量气体降低了星子的运行速度，使它们得以相互结合，从而形成行星。由于木星强大的重力引力，火星和木星轨道间的星子难以结合成行星，反而形成小行星带，其间许多小行星的宽度可以达到数百英里。

图2
太阳星云中的星子形成太阳系的过程

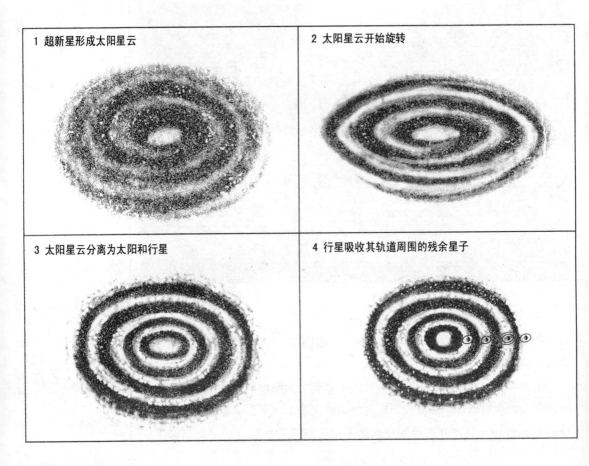

1 超新星形成太阳星云

2 太阳星云开始旋转

3 太阳星云分离为太阳和行星

4 行星吸收其轨道周围的残余星子

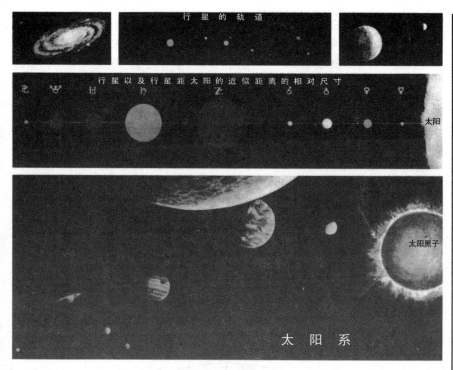

图3
*太阳系结构图（图片
由美国国家航空航天
局NASA提供）*

　　太阳系内存在大量的水，这是最简单的分子物质之一。星际气体和尘埃形成太阳的同时，冰屑和岩石碎屑开始聚集在环绕雏星的寒冷的星子盘上。星子盘中部分地区温度足够温暖，允许太阳系内原始固体上面存在液态水。此外，陆地行星原始大气所含水汽会因为星子轰击和幼年太阳强劲的太阳风而损耗。当水汽到达太阳系的外层时，会凝结形成冰体成为彗星。

　　太阳系非常宏大，由已知的九大行星及其卫星共同组成（图3），不过就冥王星到底是一颗行星还是其他类型的天体，目前仍存有争议。太阳星盘的原始形状可通过观测行星的运动轨迹来推测。除冥王星外的所有行星均沿相同的方向自转和绕日公转，其运行轨道与黄道的交角在3°以内。因冥王星轨道较黄道倾斜17°，它可能是一颗捕获行星，或者是一颗因其他天体的碰撞而偏出轨道的天王星的卫星，也有可能是柯依伯带（Kuiper belt）的一颗彗星。

　　距离太阳70亿英里（约110亿千米）处是太阳驻点，那里是太阳系同星际空间的分界。太阳外200亿英里（约300亿千米）是气体和尘埃区，可能是原始太阳星云的残余物，由彗星环带所构成的柯依伯带位于该区域的黄道面上。距太阳数万亿英里处是被称为奥尔特云（Oort cloud）的彗星壳，它起源于原始太阳星云的气体和冰体剩余物质。

原始地球

约46亿年前，围绕初生太阳的小行星和动荡的尘埃云共同形成了原始地球。在接下来的7亿年间，尘埃云处于相对稳定的太阳系中，太阳的第三行星——地球终于成形。熔融状态的地球通过聚积星子而不断增大，大多数星子是高温炽热的，其温度超过1，000℃。

由于行星际空间残余气体的摩擦阻力，行星地球的范围开始坍缩。原始地球缓慢向太阳运移，并扫清沿途额外的星子，起到宇宙真空"吸尘器"的作用。最终，地球绕太阳的运行轨迹上的行星际物质被彻底清除，在星子盘上形成隔带，地球轨道在接近其现代位置时稳定了下来。

在内部放射性物质衰变生热和星子撞击摩擦作用的共同作用下，地球可能在最初的1亿年内处于炽热状态，地核和地幔在这个过程中发生分异（图4）。磁性岩石的年代最老可达35亿年，表明早年阶段地球具有同现代

图4
地球内部圈层图（地壳、地幔、地核）

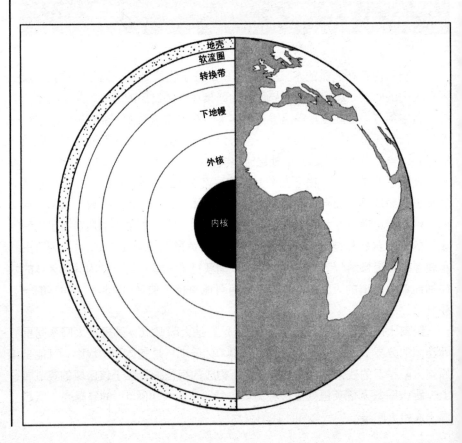

体积大小相当的熔融外核和固态内核。地核会吸收嗜铁物质，如金、铂和源自地球形成早期阶段陨星撞击而带来的其他特定元素。

地球内部的物质是炽热的，而且黏性较差，存在着非常活跃的对流运动。地幔中的强烈湍流伴随着较现代强3倍的热流导致了地球表层的猛烈扰动。在混乱状态下，熔岩流沿大型裂缝向上喷涌而出，形成了由熔融和半熔融岩石组成的海洋。

在最初的5亿年期间，地球表面是灼热的。原始大气压力比现代要大100倍，所产生的压缩热在地球表面形成的高温足以熔化岩石。当太阳开始燃烧发光后，强劲的太阳风吹离地球大气中的轻质组分，同时大规模的陨星撞击将残留的气体吹向了宇宙空间，使得地球像现在的月球一样处于近真空状态。

由于缺少大气保存内部所产生的热量，地球表面迅速冷却，形成类似金星的薄层玄武岩地壳。月球和带内行星为探索地球早期历史提供了线索，类似行星所共有的特征是它们均具有生成庞大的玄武岩熔岩的能力。地球的原始地壳已不复存在，因为在太阳系形成残余物巨陨星的撞击下，原始地壳再度融入了地球内部。

原始地球经受大量的火山喷发和强烈的陨石撞击，重复地破坏地壳。在距今约39亿年前，一场大规模的陨石雨发生了，数千个宽度达50英里（约80千米）的小天体撞击在地球和月球。由于这场侵袭，月球和其他带内行星均布满密集的凹坑（图5）。陨星撞击熔化了大部分的地球地壳，约50%地壳含有深达10英里（约16千米）的撞击坑。

陨石陷入地球薄层玄武岩地壳时，它们溅出大量的呈部分固化和熔融状态的岩石。刚从大型裂缝上涌溢出地表的岩浆使地壳创痕快速愈合，也形成了岩浆的海洋。大量的火山喷发和陨星撞击活动不断破坏着地壳，这也是为什么地球历史上最初的7亿年在地质记录中缺失而被称为"无生代"的原因。

原始地壳出现于约40亿年前，与现代大陆壳截然不同，目前地壳仅占地球体积的不足0.5%。那时地球绕其轴线高速旋转，每14小时旋转一周，能够保持整个地球的高温。如此高温状态下，垂直运动会强于水平滑动，当今的板块构造不可能已经开始起作用。因此，现代格局的板块构造过程可能直至约30亿年前方才完全发挥作用，此时地壳已基本形成。

关于早期地壳的大量信息可由一些保存完好的最古老的岩石来提供。它们在地球形成几亿年后，生成于地壳的深部，而今露出地表。发现于花岗岩

图5
1980年11月旅行者一号（Voyager I）探测到的遍布凹坑的土卫一（图片由美国国家航空航天局NASA提供）

中的锆石（图6）尤其抗风化，揭示了地球早期的历史，它的发现表明地壳最初开始形成于约42亿年前。

最古老的岩石是位于加拿大西北省的艾加斯塔（Acasta）片麻岩，它是年代为40亿年的变质花岗岩。它的存在表明当时地壳的形成正在进行之中。该发现被视为早期地球表面至少存在小型大陆壳地块的证据。形成与当今地球体积相当的大陆岩石的过程耗费了地球历史不到一半的时间。

月球

关于月球起源的说法很多，一种流行的学说认为月球起源于一颗大天体撞击地球的过程。根据该学说，地球形成后不久，一颗与火星大小相当的小行星因遭彗星撞击或木星强万有引力作用而脱离小行星带。小行星向太阳系内层运行途中，同地球相擦（图7）。半个小时的切向碰撞引发强烈爆炸，其强度相当于与小行星同等体积的炸药所产生的爆炸。撞击过程在地球上形成了巨大的裂缝。小行星大部的熔融内核和大量石质幔部物质喷出，形成了围绕地球的碎片环带，类似于土星外围的光环，被称为原始月球星盘。

图6
科罗拉多州吉尔平县稀土带的锆石（照片由E.J.Young 拍摄，美国地质勘探局USGS提供）

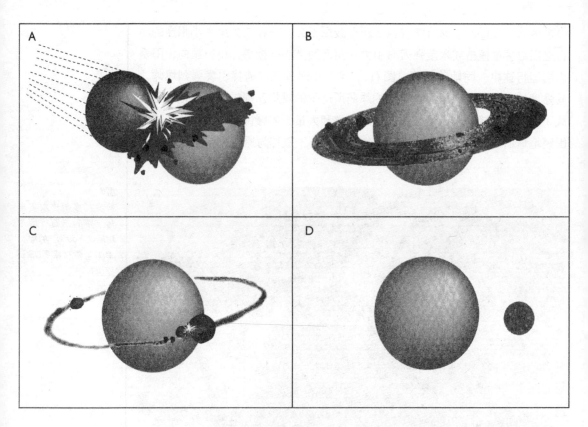

图7
*月球起源的大碰撞
学说：火星大小的
小行星撞击原始地
球（A）；引发大爆
炸，小行星和原始地
球物质喷入绕地轨道
（B）；由原始月球星
盘开始形成原始月球
（C）；物质不断聚
积，月球形成（D）*

这次撞击几乎撞翻了地球，使地球旋转轴倾斜了25°。类似碰撞同样发生在其他行星上，尤其是天王星，而且它们分别具有各自不同的倾斜角度和椭圆轨道。同时，撞击增大了地球的角动量，使地球完全熔融，在围绕太阳的轨道上形成了一个红色灼热的球体。为此，地球可能绕轴高速旋转，只需2小时便自转一周。地球现今的角动量表明关于月球起源的其他学说如分裂说、复活说及地月共同形成说都是不合理的。

关于月球起源的碰撞学说确切证据可通过分析20世纪60年末期和70年代初期阿波罗计划从月球带回的月岩（图8）而获得。月岩成分同地球上地幔相似，岩石年代介于32亿年至45亿年间。因没有发现年代更新的月岩，自距今32亿年前以来月球火山活动可能已经停止，月球内部开始冷却凝固。

新生卫星月球由于清除绕地轨道上的碎片而不断增大。此外，绕月球运行的大体岩块会坠落在月球表面。大规模陨石雨碰撞地球时，同样会撞击到月球。许多大型小行星撞击在月球表面，击穿了薄层外壳。暗色的玄武岩质岩浆溢出月球表面之后，形成了月球表面的大型凹坑和广阔熔岩平原地形

（图9），后者被称为"月海"。

月球受其母星地球的引力制约，跟随地球以同样的速度运转，使月球的一侧始终朝向地球。其他行星的众多卫星与地球卫星显现出相似的特征，表明这些卫星以同样方式形成。地球的姐妹星金星形成于相似的环境，与地球存在许多相似之处，但奇怪的是金星缺少卫星。金星的卫星可能已坠入其母星中，或逃离其绕日轨道。同地球的卫星几乎同样大小的水星，很可能曾经是金星的一颗卫星。

初生的月球在距地球14，000英里（约22，000千米）处绕地运转，每2小时绕地一周。月球运行轨道如此贴近地球，笼罩着地球上方的天空。月球靠近地球，解释了为何日长如此短。与现今相比，早期的地球绕轴高速旋转。当因潮汐造成的摩擦阻力使地球旋转速度降低时，地球将部分角动量向月球转移，将月球向外推送至更宽的运行轨道。最终，月球轨道逐步增宽至绕日距离为24万英里（约38万千米）。直至今日，月球仍在以大约每年1英寸（约2.54厘米）的速度向地球外移动。

图8
阿波罗16号带回的月岩（图片由美国国家航空航天局NASA提供）

图9
阿波罗11号飞船拍摄的月球全貌，分布着大量的凹坑和广阔的熔岩平原（图片来自美国国家航空航天局NASA）

月球相对于其母星地球的比例是最大的，地球和月球两者组成孪生行星系统。一颗相对较大卫星的存在，对生命起源起着重要作用。地月系独特的性质会引起海洋潮汐。潮水坑的干湿旋会促使地球生命可能出现在比过去认为的更早时间里。

月球对地球气候的相对稳定发挥着重要作用，月球通过稳定地球旋转轴线的倾角使四季分明，让地球适宜生命发展。如果没有月球，地球生命可能不得不面对剧烈的气候波动，像火星在整个地史中的境遇一样。如果地球的旋转轴没有月球支撑，在数百万年内，地球将彻底改变它的倾角，这足以让两极地区比赤道还要温暖。

大气圈

在最初的5亿年内，地球绕其轴线高速旋转，地表岩石灼热，行星地球没有大气层。地球像当代月球一样处于近真空状态。在距今约42亿年前，陨星撞击开始后不久，地球拥有了原始大气，由二氧化碳、氮气、水蒸气、大量火山喷发出的其他气体和连续不断的彗星所输送的氨气、甲烷等组成。原始大气中水蒸气处于过饱和状态，大气压力几乎要比当代气压高出100倍。

部分水蒸气和气体来自外部空间。一些撞击地球的石质陨星由岩石和金属构成，其余陨星则由固态气体和固体冰所构成，其中许多陨星包含碳元素，仿佛数百万吨的焦炭从天而降。或许这些富碳的陨星孕育着生命的种子，这些陨星可能在地球形成前的宇宙时代已经存在。由岩石碎屑和冰构成的彗星投入地球之后，释放出大量的水蒸气和气体物质，这些宇宙气体主要是二氧化碳、氨气和甲烷等。

大部分的水蒸气和气体源自地球自身。岩浆含有大量的挥发物，主要是水和二氧化碳，使岩浆具有流体特性。地球深部的巨大压力使挥发物质保存在岩浆内。然而，当岩浆上升至地球表面时压力减小，释放出捕获的气体，且通常是爆炸性地释放。因地球内部炽热，岩浆内含有大量的挥发物质，所以早期的火山喷发异常剧烈。

早期大气二氧化碳浓度是现代水平的1,000倍。太阳辐射是现代强度的3/4，强大的温室效应阻止地球上冰冻固态物质的存在。由于地球高速旋转和没有大陆隔断大洋环流，地球得以保持温暖。

氧气直接源自火山排放和陨星释气，同时太阳强烈紫外辐射导致的水蒸气和二氧化碳分解过程也能间接形成氧气。通过该种方式获取的氧气迅速同地壳中的金属相结合，形成诸如铁锈等物质。氧气同样会同氢气和一氧化碳重新结合，生成水蒸气和二氧化碳。小部分氧气可存在于大气层的上部，在此形成薄层臭氧幕，将减少强烈太阳紫外辐射引起的水分子分解，从而阻止整个大洋的水分损失，避免地球遭受与金星同样的命运（图10）。

氮气在现代大气圈中占79%，它主要来自火山喷发和氨气分子分解，氨气分子由1个氮原子和3个氢原子构成。氨气是原始大气中的主要组分。地球保留了原始大气中大部分的氮气，这一点不同于已被取代或者开始不同的循环的其他气体。因氮气易于转化为硝酸根，硝酸根易溶于海洋，海洋中的脱硝细菌又将硝酸盐态氮还原为气态。如果没有生命，地球早已失去氮气，仅能拥有现代大气压力水平的一小部分。

海洋

　　大气圈形成的过程中，地球表面始终处于混乱状态。大风吹蚀着地球表面，干旱地表的猛烈沙尘暴使整个地球为悬浮沉积物所笼罩，就像现代的火星沙尘暴（图11）。巨型闪电在空中闪烁。雷鸣震彻地球，巨大的冲击波连绵不断。剧烈的火山喷发不停地爆发着。白色的火山灰火花和不停流动红热熔岩的红光照亮天空。当大规模地震引发薄层地壳破裂后，不安宁的地球被分裂开来。大批岩浆沿裂缝流出，大量的熔岩淹没了地表，形成了平坦的玄武岩平原。

　　强烈的火山活动将数百万吨火山碎屑抛进大气中，并长期悬浮在空中。火山灰和粉尘颗粒散射阳光，使天空变为可怕的红色，很像强沙尘暴后的火星。同时粉尘会使地球冷却，同时提供了水蒸气聚合所需的凝结核。当上层大气温度降低后，水蒸气凝结成云。云层如此厚重，几乎完全阻挡住了阳光。这样，地球表面接近黑暗状态，气温进一步降低了。

　　当大气继续降温，大雨点由空中降落，地球持续遭受暴雨。肆虐的洪水沿山坡和大型陨石坑侧面急剧泻落，在岩石平原上侵蚀切割出深深的峡谷。当暴雨停止后，天空开始变得清澈，地球成为了一颗蓝色的巨型球体，被接近2英里（约3.2千米）深的海洋所覆盖着，星罗棋布的火山岛屿点缀其间。

发现于格陵兰西南部伊苏阿组（Isua Formation）变质岩中的古海洋沉积物证实了海洋形成时的情景。岩石源自火山岛弧，可证明地球历史早期一些板块构造形式已开始出现。其中最古老的岩石年代约为38亿年，表明此时地球已具有表层水体。

在大规模陨星撞击结束到最早沉积岩形成之间，大量的液态水淹没了地球表面。海水可能因火山活动带来的大量氯和钠而开始变咸。但直至距今约5亿年前，海洋才到达其现代的盐度。温暖的海洋被上空的太阳和下部海底的活火山加热着，后者不断向海水供给形成生命所需的元素。

图11
由海盗I（Viking I）获取的金星地形图片，风成沉积物包围的巨砾图（图片由美国国家航空航天局NASA提供）

生命起源

在形成地壳和火山释气形成大气圈及海洋期间，地球生命开始了演化（表1）。这个时期同样是大规模陨星撞击期，石质小行星和冰质彗星不断降落在早期地球上，成为供给地球的主要水源。行星际空间杂乱分布的碎片不断撞击新生的地球，有些空间杂物可能为地球带来了有机组分，生命可能由其演化而成。

关于生命起源学说在早期所谓的″有机汤″假说占主导地位。为验证该学说，火花放电装置（20世纪50年代设计用来模拟早期大气和海洋的装置）被用以模拟早期地球前生物期的状况（图12）。装置内通入甲烷、氨气和氢气，结果发现生命的所有前体物质聚集在了一起。经过无数次的聚合和交换，形成了可以自我复制的有机分子。然而，该种随机事件需要的时间达数十亿年。而从地球、月球和陨星上远古岩石中获取的证据表明，原始大气中氨气和甲烷的含量并未达到起初认为的丰度。

表1　生物圈演化历程

	距今年代（10亿年）	氧气浓度百分数（%）	生物现象	事件结果
全氧环境	0.4	100	鱼、陆生植物、兽类	接近现代生物环境
带壳动物出现	0.6	10	寒武纪动物群	穴居栖息地
后生动物出现	0.7	7	艾迪卡拉动物群	最早的后生动物化石和痕迹
真核细胞出现	1.4	>1	具有细胞核的细胞体	红层、多细胞有机体
蓝绿藻	2.0	1	藻丝	有氧代谢
蓝藻	2.4	<1	叠层石	原始光合
生命起源	4.0	0	低分子有机物	生物圈开始演化

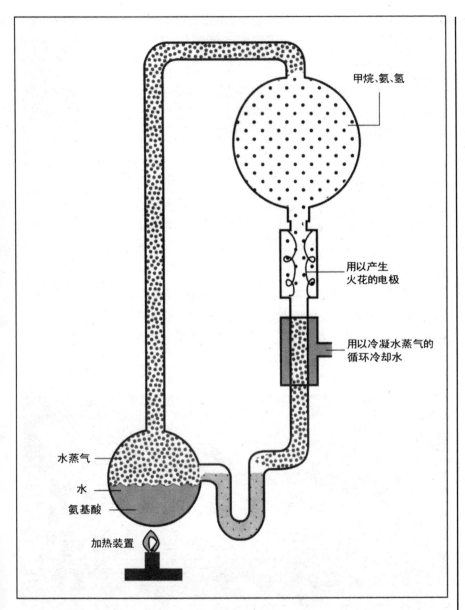

图12
模拟前生物期原始地球状况的火花放电装置

甲烷、氨、氢

用以产生
火花的电极

用以冷凝水蒸气的
循环冷却水

水蒸气

水

氨基酸

加热装置

　　研究生命机制的生物物理学家在年龄为45亿年的默奇森陨石（Murchison meteorite）内部发现了令人感兴趣的证据，该陨石于1969年降落在地球，因其位于西澳大利亚的坠落地而得名。该陨石含有能够自我聚合成蜂窝状隔膜的类脂有机组分，这是形成最早的活体细胞所需的基本条件。该碳质球粒陨石脱落自一颗小行星，这颗小行星与地球同时形成，而且和地球起源自相似的物质。陨石中有机化学物质的存在为地外氨基酸提供了最早的确切证据。因此陨石物质包含着生命起源所必需的成分。

地球现仍受含有氨基酸的陨星的撞击，氨基酸是蛋白质的前体。早期的陨星大撞击活动有可能使蛋白质很难发展成为活体细胞。最初的细胞可能不断地被灭绝，使生命的起源重复进行。每当有机分子试图自我组织形成生命物质，频繁的撞击事件在它们有机会繁殖之前就被毁灭。

一些大型撞击体可产生足够的热量使全部的海洋蒸发很多次。汽化的海洋将地表压力增强到现代大气压的100多倍，导致的高温使整个地球成为不毛之地。数千年后水蒸气凝结形成降雨，洋盆重新注满了海水，等待下次撞击引发海洋蒸发。这种苛刻的环境将生命的形成推后了数亿年。

或许对于生命演化而言唯一安全的地方是3～4英里（5～6千米）深处的洋底，那里存在高密度的热液烟囱。热液烟囱就像海底的间歇泉（图13），可以排放富含矿物的沸腾海水，海水为处于海底下面的浅薄岩浆房所加热。海底烟囱所创造的环境能够形成大量有机化学反应，而且能提供形成地球最早生命所需的养分和能量，同时也供给生命形式进化用来自我补给的必需养

图13
东太平洋中脊活动的海底热液烟囱及含硫矿物沉积（图片由美国地质勘探局USGS提供）

图14
怀俄明州黄石国家公园碳酸盐热泉正侵蚀层状石灰华沉积物（照片由K. E. Barger拍摄，美国地质勘探局USGS提供）

分。实际上，这种环境依然存在，是地球上一些最奇怪生物的家园。正是在这种环境下，生命有可能起源于距今约42亿年前。

在初始阶段，生命具有许多共同的特征。尽管现今存在各式各样的生物，但从最简单的细菌到人类自身，基本的分子系统都是相同的。每一物种的每一细胞都有同一套20种氨基酸所构成。为生长，所有的生命形式均采用相同的能量转化机制。所有的DNA链条都是左手双螺旋，所有生命体在蛋白质合成过程中遗传密码转录都是相同的。

具有如此多的相似之处，所有生命必须是根源于一致的物种原形。任何相异的生命形式在生命演化历史的早期已经绝灭，现今不存在其后代。因为当前的化学环境不适宜于创造新的生命形式，或是新生成的生物体在有机会演化前即已为活体生物捕食，所以现今不会有新生命形式出现。

自生命出现后最初的5亿内，生命由最简单的物质迅速向复杂生物体进化。古细菌源自当前已知最早的生命形式，仍是目前数量最多的生物。生命起源于地球演化史的早期，那时地球维持高温，现代证据是发现于热泉和世界其他热水环境（图14）中的嗜热细菌，如地下深层或洋底深处。

这些生物的存在证实嗜热生物是所有生命共同的祖先。早期地球的环境适合于嗜热生物的演化。大部分的嗜热生物营硫基能量代谢，在高温、火山活动活跃的地球上硫化物大量存在。早期地球由大批火山喷发出大量硫磺，恰好具有充裕的硫。在地球表面维持高温时，大气中硫原子组成的分子环遮挡了太阳紫外辐射。否则在致命的太阳光线下，最初的活体细胞将被灼烧。然而，由于古细菌能够忍受高强度的紫外辐射，在原始大气中并不需要防紫外辐射罩。

现存的简单古细菌是生命出现于地球历史早期的证据，当时地球处于热气腾腾的状态。古细菌的分布范围比过去认为的更广泛，大部分的海洋繁生着该种生物。古细菌占南极水体中超微型浮游生物生物量的1/3。如此繁生表明古细菌在全球生态系统中发挥着重要作用，对海洋化学具有重要影响。

最初的活体生物是微小的非细胞原生质块状物。这种能够自我复制的生物体以原始海洋中形成的有机分子"汤"为食。丰富的营养引发了快速连锁反应，促使生物体快速生长。生物体随洋流自由漂浮，散布在世界各地。尽管在地球环境变得适宜后，最初的简单生物体很快出现，不过又经历了10亿年时间生物才达到类似现在的分布状况。

了解完地球的演化进程后，下一章节将见识太古代和最早的生命形式及最老的岩石。

2

太古宙的藻类

早期生命时代

本章介绍地球的早期历史，包括早期的生命形式演化和陆地的形成。最初的40亿年，占整个地质历史的9/10，被称为前寒武纪，是地球历史上最漫长和目前人类认知最少的地质时期（表2）。前寒武纪开始于简单的海洋生物体，结束于高度特化的新物种大爆发，生物爆发为向现代生命形式进化奠定了基础。

前寒武纪几乎被均分为太古宙和元古宙。太古宙和元古宙的界限有些模糊，其体现为两个时期所形成岩石间的差异。太古宇岩石是地壳快速形成的产物，元古宇岩石则更多地代表相对稳定的现代地质时期（图15）。

表2 地质年代表

代	纪	世	距今年代（百万年）	生物形式出现	地况
	第四纪	全新世	0.01		
		更新世	3	人类	冰期
		上新世	11	乳齿象	卡斯卡底
		晚第三纪			
新生代		中新世	26	剑齿虎	阿尔卑斯
	第三纪	渐新世	37		
		早第三纪			
		始新世	54	鲸	
		古新世	65	马、鳄鱼	落基山脉
	白垩纪		135		
				鸟类	内华达山
中生代	侏罗纪		210	哺乳动物	大西洋
				恐龙	
	三叠纪		250		
	二叠纪		280	爬行动物	阿巴拉契亚山
	宾夕法尼亚纪		310		冰期
				树	
	石炭纪				
	密西西比纪		345	两栖动物	联合古陆
古生代				昆虫	
	泥盆纪		400	鲨鱼	
	志留纪		435	陆生植物	劳亚古陆
	奥陶纪		500	鱼	
	寒武纪		570	海洋植物	冈瓦纳大陆
				带壳动物	
			700	无脊椎动物	
元古代			2500	后生动物	
			3500	早期生命	
太古代			4000		最老的岩石
			4600		陨石

太古宙（距今约46亿年～距今约25亿年）期间地球处于高度混乱状态，经历着大量火山喷发和大规模的陨星撞击。新生地球的巨大内热能使地表剧烈摇动，破坏着地壳的面貌。因此地球历史的最初几亿年缺失地质记录，在这段间隔期，地球经历着不安宁期，它是地球历史上很早就出现生命的重要因素。

藻类时代

太古宙生物主要由细菌、单细胞藻类和被称为叠层石的藻类群丛组成（图16）。最早的生命证据包括微体化石和叠层石。微体化石是古代微生物残迹或化石。叠层石是由生活于浅海环境的蓝藻藻丛胶结细颗粒沉积物所形成的层状构造。另外，微生物席生长于黏土表面，厚度可厚达1/3英寸（约

图15

地质历史时期地球螺旋演化图（图片由美国地质勘探局USGS提供）

23

0.85厘米），成为最早的陆地生命，年代为距今约26亿年前。

叠层石体由多层细胞形成，顶部为光合生物，其利用阳光繁殖并供给下部层位养分。然而叠层石仅能作为早期生命的间接证据。叠层石不是微生物自身的遗体，而仅是微生物所建造的有机沉积结构。早期叠层化石存在于西澳大利亚州诺斯波尔地区（North Pole）瓦拉伍那群（Warrawoona Group）塔沃斯组（Towers Formation）沉积岩中，年代为距今35亿年。过去该地区是被高大火山遮蔽的进潮口，火山喷发出火山灰和熔岩，并汇入浅海中。积雨云悬浮在山顶上方，闪电在空中来回地穿梭。狂风激起巨浪，冲击着海岸边的玄武岩峭壁。

在更远的内陆，黑色玄武岩流形成的圆丘支配着地貌，并因最新的喷发而排出蒸汽。频繁的倾盆大雨汇入平坦广阔灰色软泥上面蜿蜒而流的潮汐流中，最后流入海洋。在别处，内含高浓度盐水的浅池离散分布，周期性地蒸发，结晶出各种盐类。涨潮经常性地冲过泥滩，搬运沉积物，补给盐水池。

尽管太古宙几乎占整个地球演化史的一半，太古宇岩石出露面积却不足20%。而且所有已知前寒武系岩石都经历过热变质。世界上大部分地质年龄介于38亿～35亿年的古老岩石之中，仅有小部分像诺斯波尔地区（North

Pole）的沉积层序那样经历了低温变质历史。因此可能该地区岩石整个地质历史时期均维持相对低温的环境。

经受过地球强大内热能作用的岩石失去了所有化石生命遗迹。即便在轻度变质岩石中，想要证实单细胞微生物细胞壁保存下来而形成的微体化石通常是很困难的。这些看起来像化石的物质大部分是简单的球形，外表无特征。沉积于无机碳化合物周围的矿物颗粒不断生长，并将无机碳化合物挤压变为球状体。然而一些球状物成对或链状相连，还有一些四个成组，不可能仅通过无机过程就能生成。

诺斯波尔地区（North Pole）岩石伴生内含微纤丝的硬质燧石，微纤丝可能是细菌源的小线状构造。类似的含有线状细菌微体化石的燧石，被发现于南非东德兰土瓦，年代为距今33亿～32亿年前。北美苏必利尔湖北岸冈弗林铁建造中存在年代为20亿年的燧石。大多数前寒武系燧石是深层海洋富硅海水沉淀而成的化学沉积物。太古代丰富的燧石为当时大部分地壳为海水所浸没提供了证据。而诺斯波尔地区的燧石可能形成于浅海环境中。

形成燧石的硅质源自喷发进入浅海的火山岩溶解。富硅水体在多孔沉积物间流动并溶解原生矿物，硅发生沉淀并取代矿物的位置。掩埋在沉积物中的微生物被包入自然界最坚硬的物质，使微体化石得以度过苛刻的地质时期。由于海绵和硅藻生物体吸收海水中的硅建构它们的骨骼（图17），使现代海水缺乏硅。通常情况下，仅有组成海绵骨骼的硅质针状物才能保存为化石。硅藻因其细胞壁呈现出美丽的玻璃状硅质花纹。由硅藻细胞壁构成的大量硅藻土是在前寒武纪之后硅藻生物体大量繁生的证据。

诺斯波尔地区的叠层石由层状碳酸钙叠合集聚而成，外表成球形的甘蓝状。太古宙微体化石的大小、形状和叠层石的形成表明这些微生物行释氧或硫氧化光合作用，利用阳光来生长。硫呼吸细菌可能在距今约35亿年前生物演化的最初阶段已出现。行铁呼吸的细菌是形成距今约20亿年前的条带状含铁建造的主要原因。

现在叠层石居于低潮位之上的潮间带。叠层石长度反映着潮汐的高度，受月球引力的影响。诺斯波尔地区最早的叠层石体生长高度有些能达到30英尺（约9米），该证据表明在早期阶段，月球贴近地球运转，月球强大的吸引力在该地区形成了强大的潮汐，潮水淹没了沿岸的大面积内陆地区。

现生的叠层石与远古时期的叠层石相似。它们由藻类或细菌建造的环层状弧形碳酸钙构成，微生物通过分泌胶状物黏结沉积颗粒物。在西澳大利亚州，叠层石体结构划分为化石层和无机沉积物层。然而，化石中存在

图17
内布拉斯加州切里县基尔戈地区晚中新统的海相硅藻（图片由G. Andrews拍摄，美国地质勘探局USGS提供）

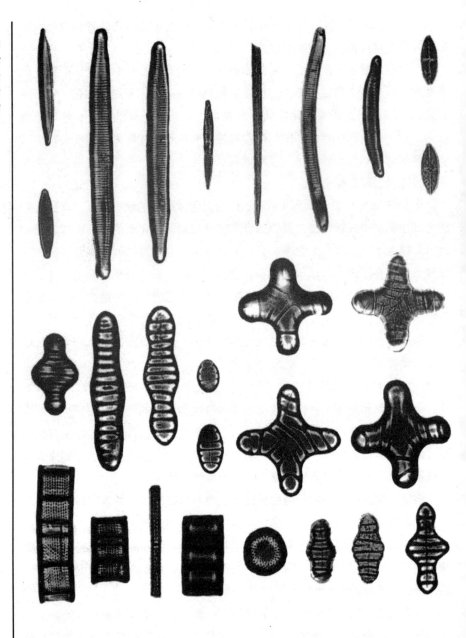

由中心点向外辐射的微小丝状体，类似细丝状细菌，表明细菌参与建造了叠层石。

　　细菌是生命的奇迹，占据着广阔的环境领域，同其他生物种群相比跨越更广的区域。细菌具有超强的适应性、难以毁灭和惊人的多样性，对于其他生命形式的生存也是必需的。细菌生命模式从化石记录开始时期便稳定存在。当地球接近其生命的尾声，其他物种灭绝很久以后，细菌将作为地球上唯一的生命，像它们刚刚出现时一样依然生存着。

原生动物

原生动物是在地球历史的3/4时期内生存着的原始生物，它们通常被划归为原生生物界，包括所有具细胞核的单一细胞的植物和动物。在远古混沌时期，早期动植物间的差异很少，它们共同拥有很多相似的特征。原生动物同时也被划入动物界，按字面的意思是"最先开始的动物"。

在太古宙大部分时间内，唯一的生命形式是具原始细胞的简单生物体，被称为原核生物，词源为希腊语中的"坚果壳"。原核生物无明显的细胞核，生活于厌氧的环境中。它们主要依靠外界的营养源，其周围的海水持续形成有机分子作为丰富的营养供应源。大部分的生物体行被称为发酵的原始代谢方式，将养分转化为能量。这是一种低效率的代谢方式，依靠酶降解葡萄糖等低糖为小分子来释放出能量。

一种较为高级的生物由与原核生物大小相当的简单细胞器的聚合体构成，通过共生关系结合为细胞，形成一种新类型的生命形式，被称为真核生物。真核生物具含组织遗传物质的细胞核，包括所有的植物、动物、真菌类和藻类。真核生物和原核生物的分异可能开始于距今约30亿年前。然而，真核细胞可能演化约10亿年才类似于现今的生物。真核细胞通常较原核细胞大1万倍。

细胞分裂过程中，细胞核和细胞器中的DNA进行自我复制，一半基因保留在亲体细胞，而另一半基因传入子细胞。该过程被称为有丝分裂，提高了基因变异的可能性。当生物面临新环境时，有丝分裂能加快生物进化的速率，并使之适应新环境。在过去6亿年期间，动植物的显著变化应归功于真核细胞的引入及其基因变异的巨大潜力。

早期的单细胞动物被称为原生生物，是所有其他动物物种的祖先。它们是最早的生物种群，与植物拥有许多共同特征。细胞内含有细菌状细长结构的线粒体，后者通过氧化作用产生能量。同时细胞内含有叶绿体，作为叶绿素质体的叶绿体可通过光合作用供给能量。

许多原生动物会分泌一种由碳酸钙构成的微小壳体。当生物体死亡后，它们的壳体像雨点般源源不断地沉降在洋底，随着时间的流逝，形成了石灰岩地层（图18）。由于风暴和海底洋流，活动沉积物埋葬了未被捕食者吞食

图18
科罗拉多州弗里蒙特县普瑞斯特峡谷前寒武系片麻岩、片岩和曼尼通组灰岩的接触关系（图片由J．C．Maher拍摄，美国地质勘探局USGS提供）

的海洋生物遗体，形成了微晶方解石软泥，其最后硬化成为石灰岩，始终保存着俘获的生物体。

原生生物的一些变种会组成较大的群体，然而它们大部分独立生活。原生生物体由单一细胞构成，包含由细胞膜封闭的活体原生质。现今的单细胞生物体较古代化石并无重大变化，但大部分古代的单细胞生物是软体的，并

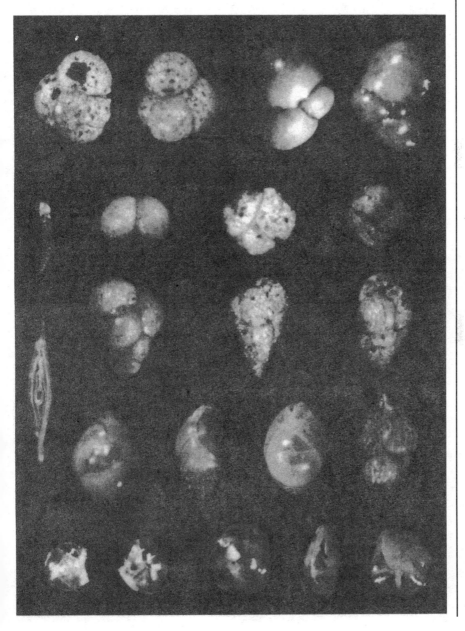

图19
北太平洋中的有孔虫
（图片由R．B．Smith
拍摄，美国地质勘探
局USGS提供）

不易于形成化石。它们通过摄取食物颗粒或光合作用获取能量，通过配子生殖繁殖，并不形成胚胎。

主要的原生生物种群包括藻类、硅藻、腰鞭毛虫、纺锤虫、放射虫和有孔虫等（图19）。有孔虫是微体原生动物，骨骼由碳酸钙构成，保存着有关海洋变化和气候的大量记录。绝大部分有孔虫生活在浅海底部，少部分漂浮于海面。它们的遗迹在浅水和深水沉积中均有发现。纺锤虫是大型形似麦粒的复杂原生动物，个体大小从微观尺度到长度达3英寸（约7.6厘米）。

最早的原生生物是建造叠层石体的微生物。蓝绿藻的祖先通过自身分泌胶状物黏结沉积颗粒物建造了这些形似甘蓝球似的环层状隆起。该种生物分布于距今约35亿年前的前寒武纪一直到现今，而其中许多直至寒武纪或以后才完全定型。由于缺乏硬质的壳体，变形虫和草履虫并不易于形成化石。而在化石记录中能够很好留存的放射虫，通常具有结构复杂的硅质壳体，包括针状、浑圆和精美的开放网状结构（图20）。

依靠自身力量进行运动的能力是动植物间的根本区别，尽管部分动物仅

图20
在阿拉斯加楚里塔纳地区发现的晚侏罗系的放射虫（图片由D. L. Jones拍摄，美国地质勘探局USGS提供）

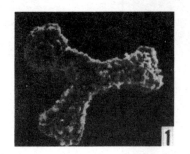

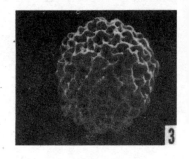

图21
生活于海底热液烟囱附近的管虫、巨蛤和螃蟹

在幼年期具有该行为能力，成年后便底栖或固着于海底。运动使动物能够捕食植物或其他动物，如此建立起新的捕食−猎物关系。有些生物通过形似丝状细菌的鞭毛来运动，其与宿主互惠而相连接。也有的细胞具有被称为纤毛的细微附肢，通过有韵律地击打水体推动生物体。许多生物体，如变形虫，通过由躯体向外伸展的手指状的突出体来实现运动。

  最早的生物体是行硫代谢的细菌，类似于管虫组织的共生生物（图21）。它们靠近含硫海底热液烟囱生活，如东太平洋洋脊和西北大西洋美国沿岸的戈尔达洋脊（Gorda Ridge）。在早期的高温地球上存在丰富的硫，这些硫源自大多处于洋底的大批火山喷发。

  硫易于同铁等金属元素结合而形成硫酸盐。由于大气和海洋中缺少游离态的氧，细菌通过还原硫酸根离子而获取能量。原始细菌的生长受控于海洋产生有机分子的数量。尽管当时另外一种形式的能量是充足的，细菌却白白浪费了丰富的能源，那就是太阳光能。

光合作用

太古宙岩石碳同位素比值表明在早期时代光合作用就在进行中。海洋含有大量的铁，光合作用生成的氧因氧化铁元素而损耗，同时一个有利的条件是氧对于原始生命形式是有毒的。早期海洋中大量存在的硫供给原始生物维持生命的养分，而氧并不是必需的。细菌通过还原硫元素来获取能量。

距今约35亿年前，被称作蓝藻的微生物开始利用太阳光作为初级能源。细胞使用太阳光能析取水分子中的氢，释放作为副产品的氧气。原始光合形式可能始于蓝绿藻或其祖先最初出现时，该光合细菌被称为绿色硫细菌。这些生物适应于贫氧环境。由于同海水中溶解的金属元素和海底热液烟囱排放出的还原性气体相反应，氧气浓度始终维持在很低的水平。

最初的绿色光合植物称为古藻，其可能是细菌和蓝绿藻的过渡体。它们从原始代谢方式发酵转为行光合代谢，然后转回，这取决于它们所处的环境。由于太阳光穿透海水的最大有效深度仅有几百英尺（约200米），古藻仅限于浅水中。距今约28亿年前，被称为蓝藻的微生物开始使用太阳光作为主要能源，来驱动维持生长所需的化学反应。

光合作用的形成可能是生物进化进程最重要的步骤，它向原始蓝绿藻供给不受任何限制的能量来源。光合作用通过叶绿素吸收光能，并将水分子分解为氢和氧。氢和早期的大洋和大气圈中大量存在的二氧化碳相结合之后，形成了简单的糖类和蛋白质，释放出氧气（图22）。光合生物显著增长，如果不是光合作用所产生的副产品氧气对生物体自身有害，光合生物种群爆发将会失去控制能力。若不是形成特殊的酶帮助处理氧气，并随后利用氧气进行新陈代谢，生物体将处于危险状态。

光合作用大大增加了海洋和大气圈的氧气含量。距今22亿~20亿年前，氧气浓度迅速升高。此时海洋中含有高浓度的溶解铁，其消耗氧气并形成类似于铁锈的氧化铁。氧化铁沉淀在海底形成了世界上的大型铁矿藏。在这期间，地球经历了地质历史上的第一个大冰期。冰冷的海水使铁由悬浮状态向沉淀转变。

为形成和维持富氧的大气圈，光合作用过程利用的二氧化碳需要以碳酸盐形式埋藏在岩层中，而且光合作用速度必须大于一氧化碳、金属和还原性火山气体所消耗氧气的速度。距今约20亿年前，氧气开始取代海洋和大气

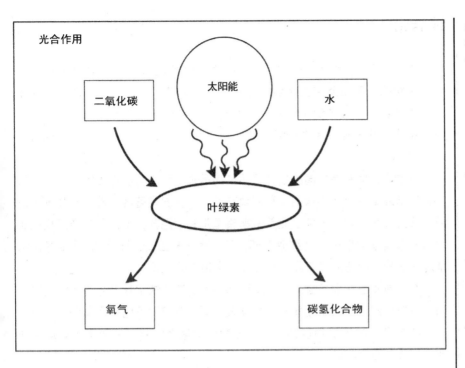

图22
生物圈原始光合作用的能量流示意图

中的二氧化碳。为此，生物体必须形成一种保护其核子的方法，或者是采用"去氢加氧"的化学氧化途径。这些变革推动了向真核生物的演化。因此氧气在向高级生命形式演化过程中起了尤为重要的作用（表3）。

表3 生物演化与大气圈

生物演化	起源的年代（距今百万年）	大气圈
地球形成	4600	氢气、氦气
生命起源	3800	氮气、甲烷、二氧化碳
光合作用出现	2300	氮气、二氧化碳、氧气
真核细胞	1400	氮气、二氧化碳、氧气
有性繁殖	1100	氮气、氧气、二氧化碳
后生动物	700	氮气、氧气
陆生植物	400	氮气、氧气
陆生动物	350	氮气、氧气
哺乳动物	200	氮气、氧气
人类	2	氮气、氧气

绿岩带

　　绿岩是太古宙特有的远古变质岩。距今约40亿年前，地球地壳爆发生成。早期的地壳由薄层玄武岩构成，散布被称为〝浮山〞的花岗岩块嵌体上。花岗岩块形成了稳定的基底，所有其他岩石沉积在上面。岩石基底变成了大陆原核，现在大面积暴露或下沉，呈穹形状结构，被称为〝地盾〞（图23）。

　　前寒武纪地盾是广阔的抬升区，其周围被沉积物盖层地台围绕。地盾由宽阔的结晶基底为近平伏的沉积岩填充而成。世界最著名的地盾有加拿大地盾（覆盖加拿大东部大部至北美威斯康星州和明尼苏达州）和芬诺斯坎底亚地盾（覆盖欧洲斯堪的纳维亚大部）等。澳大利亚超过1/3地区是前寒武纪地盾。非洲、南美洲和亚洲同样存在大小相当的地盾。

　　许多地盾是完全暴露的，更新世冰期冰盖流侵蚀了其上方的沉积盖层。由马尼托巴湖至安大略湖暴露的加拿大地盾，要归因于地幔涌流引起的地壳上升和隆升区的沉积物侵蚀。部分已知北美最老的岩石是加拿大地盾花岗岩，年代为距今25亿年。

　　地盾同绿岩带密切相关（图24）。绿岩带是变质熔岩流和可能源自岛弧的沉积物的混合体。岛弧是深海沟边缘的火山岛链，因大陆碰撞而形成。不过此时仍无大陆存在，绿岩带发育的基底又被称为原始陆地。这些小块陆地被洋盆隔离，熔岩和主要源自火山岩的沉积物在其上堆积，后经变质作用形

图23
由地球上最古老岩石构成的前寒武纪地盾分布图

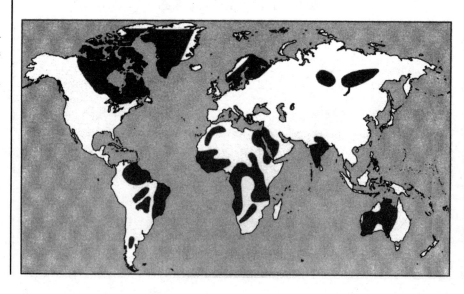

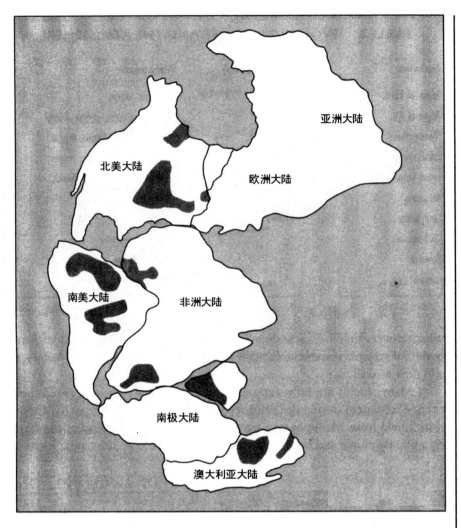

图24
太古宙绿岩带是板块
构造的最早证据

成了绿岩带。

　　绿岩带位于陆地的古核。绿岩带可以横跨几百平方英里（1平方英里≈
2.59平方千米），被大范围的片麻岩围绕着，是花岗岩变质体和太古宙主要
的岩石类型（图25）。它们的颜色源自绿色的云母状绿泥石矿物。绿岩带的
存在是在距今约27亿年前的太古宙板块构造运动已经开始起作用的证据，早
在距今40亿年前小型构造板块已经开始相互碰撞。非洲东南部巴伯顿山地斯
威士兰系的绿岩带是最著名的，其年代早于距今30亿年，厚度可达12英里
（约19千米）。

　　太古宙绿岩带会俘获蛇绿岩，其词源为希腊语中"蛇"的意思。蛇绿岩
通过板块漂移使小片的洋底被推挤至陆地之上，其年代最老可达36亿年。枕

状熔岩是海底受挤压的管状玄武岩体（图26），同样出现于绿岩带，标志着发生在海底的火山喷发。这些沉积物是早在太古宙板块运动就开始起作用的最好证据。事实上，在地球历史的绝大部分时间里，板块构造机制一直以与现在相同的方式发挥着作用。

地质学家和采矿者对绿岩带尤其感兴趣，因为绿岩带蕴含世界上绝大部分的金矿。太古宙矿石在全世界范围内都是相似的，矿脉是在太古宙或者后来又侵入太古宙岩石的。除南极外，太古宙金矿在每一个大陆上都在进行开采。在非洲，最好的金矿所处岩石年代为距今34亿年。南非大部分的金矿同样是储藏在绿岩带中的。

距今约25亿年前，两个板块相互碰撞形成的印度果拉尔绿岩带含有世界上最富的金矿藏。北美最好的金矿位于加拿大西北部的大奴湖地区，那里已知的矿床就有1，000多处。大部分金矿处于绿岩带中，源自侵入花岗岩体的高温岩浆溶液渗透进入了绿岩带。金脉同石英也有着成因联系。

由于在现代地质环境中绿岩带没有对等物，它们形成时的地质环境与现今有显著的差异。活跃的地幔构造应力经常使太古宙薄层地壳破裂，之后岩浆会进入地壳破裂带。大规模的岩浆入侵和大量的陨星撞击是太古宙与众不同的地质环境特征。由于绿岩带是太古宙所独有，距今约25亿年前绿岩带的缺失标志着太古宙的结束。

太古宙陆核

板块构造运动自始至终在塑造地球过程中发挥着重要作用。在地球形成后的数亿年后，陆地自其出现后便处于漂浮状态，该点被加拿大西北地区奴省年代距今40亿年的艾加斯塔片麻岩的存在所证实，说明此时地壳的形成正在进行中。奴省具有地球上已知最古老的陆壳，是被称为"克拉通"的远古陆核之一。

该发现明确证实，在地球地质历史的最初5亿年至少存在小片的陆壳。格陵兰西南部偏远山区伊苏阿组变质化海洋沉积岩（图27）年代为38亿年，它的存在为盐水海洋提供了证据。地球上最老的沉积岩含有复杂细胞体留下

图26
阿曼东北部瓦迪吉自河谷南侧的枕状熔岩露头（图片由E. H. Bailey拍摄，美国地质勘探局USGS提供）

图27
格陵兰西南部含有地球上最老岩石的伊苏阿组沉积岩的位置示意图

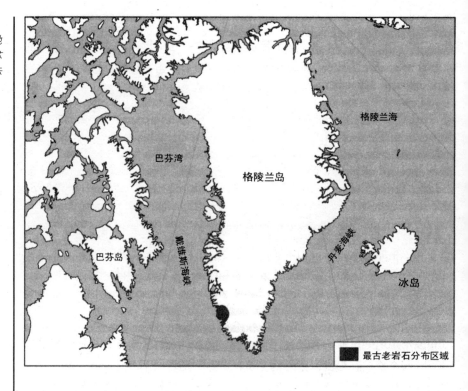

最古老岩石分布区域

的化学遗迹，其年代最老可达39亿年。此时，太阳系形成时留下的一群碎片正在撞击地球和月球。碰撞将热量和有机组分向地球传输，激发了原始生命的迅速形成。也有可能撞击以生物灭绝方式消灭了当时已经存在的生命形式。

　　陆壳仅有其现今面积的1/10大小，由漂浮于地球水面的条带状花岗岩构成。这些被称为太古宙地质构造的微陆块年代要老于33亿年，主要被发现于加拿大、格陵兰、南非和西澳大利亚州等地。年代为25亿年的卡普瓦克拉通包括南非大部，是地球上最老的克拉通之一。年代为35亿年，澳大利亚西北部宽度超过几千英里（约几千千米）被称为皮尔巴拉克拉通的古陆壳，在地质时期很少受到扰动。该地区因被称为瓦拉伍那群的著名地层而闻名，内含世界上最古老的化石细胞，是地球上最早的证据确凿的生物。

　　燧石是高密度极度坚硬的沉积岩，由微小晶状石英构成。太古宙燧石沉积年代老于25亿年，表明该时期大部分地壳处于海面以下。大部分的前寒武纪燧石是由大洋深处富硅海水化学沉淀而形成。海洋含有大量溶解态硅，它们是由海底火山喷发岩溶蚀而来。现代海水因为海绵和硅藻需吸取海水中的硅来建造骨骼，所以硅含量很少。生物体死后，其骨骼会形成大量的硅藻土沉积。

　　极少岩石的年代会超过37亿年，表明此前很少有陆壳形成或者地壳重新循环进入了地幔。花岗岩微地块结合成为稳定的基岩之后，被称为克拉通（图28），其他岩石在其上发生沉积。它们由经深度改造的花岗岩、变质化的海相沉积物和熔岩流所构成。岩石源自原始洋壳中的岩浆侵入体。世界上仅有三处，加拿大、澳大利亚和非洲，在地球早期历史时期便有岩石出露地表，且在随后的地质演化时期未发生变化。

　　最后，微陆块开始减缓其飘忽不定的漂浮，并拼合成为较大的陆地。微板块随强烈构造运动而不断地碰撞和挤压，逐渐形成了地壳的内部和边缘。陆地不断地增大直至太古宙距今约25亿年前，此时它们已占有地球表面积的1/4，约相当于现代陆地面积的80%。该时期，板块构造运动开始广泛起作用，世界大部分地区板块构造作用开始形成。

　　蛇绿岩是古代板块运动的最好证据，它们是板块碰撞中剥落的洋壳断片，并贴附在陆地上。蓝片岩（图29）是俯冲洋壳变质岩，同样被推挤至陆地上，形成近乎平行的绿色火山岩和浅色花岗岩与片麻岩地层，它们是构成大部分陆地的火成岩和变质岩。此外，许多蛇绿岩由含矿岩石构成，它们是世界上重要的矿物质资源。

　　克拉通数量众多，大小介于现代北美面积的1/5和比得克萨斯州还要小

图28
构成原始陆地的克拉通的分布图

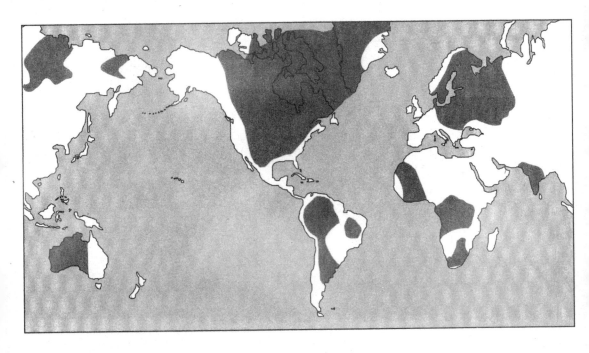

之间。克拉通具有很强的可移动性，在上地幔被称为软流圈的熔融岩石之上自由漂移。它们是独立的微型大陆，经常性地相互碰撞和反冲。碰撞使克拉通的边缘受挤压，形成可能仅有几百英尺高度的小型平行山脉。

所有的克拉通最后联合成为一个几千英里宽度的巨大陆地，被称为超大陆，其最早存在于距今30亿年前。在克拉通相互碰撞的地点，山脉受推挤而隆升。连接陆地的缝合线至今仍可见，作为古代山脉的核心，被称为造山带，"oros"希腊语中即为"山脉"的意思。最初的克拉通形成于地球起源后的15亿年之后，合计仅为现代陆地面积的1/10。从此开始，陆地增长的平均速率可能为每年1立方英里（约4立方千米）。随陆地内部的不断拼合和破裂，及沿陆地边缘的沉积物堆积，最后形成了超大陆。至太古宙结束时，超大陆已与现代大陆的总面积相当，大部分陆地为浅海所淹没直至距今约8亿年前。

在讨论完太古宙的简单生命形式，下章将关注元古宙更为复杂的生物和所形成的岩石。

3

元古宙的后生动物

复杂生物体时代

  本章分析距今25亿~5.45亿年的元古宙时期更为复杂的生命形式和大陆的发展。与太古宙相比较，元古宙在生物学和地质学特征上表现出显著差异。在地球由骚动的青春期向平稳成年期演变过程中，元古宙表现出逐步向平稳状态转变的特征。元古宙海洋生物与太古宙生物截然不同，出现了复杂生物体，代表着生物进化过程中一次重大的发展。

  元古宙全球气候偏冷。地球在距今20多亿年前经历了地质历史上的第一个大冰期和一次生物大灭绝，被大量淘汰的原生生物未能在该时期继续进化。元古宙在经历了第二次冰期和生物灭绝后而结束。随后的生物大爆发中，出现了几乎所有海洋生物的主要种群，从而为向更多的现代生物形式进化奠定了基础。

蠕形动物时代

元古宙生物较太古宙更为高级和复杂。在地球历史最初的十亿年期间，原核生物因其原始的无性繁殖方式，进化非常缓慢。生物体通过简单的裂变来实现自我繁殖，难以推动生物进化。同时原始新陈代谢方式使生物处于低能量状态，降低了生物进化速率。

元古宙生物最重要的进化是细胞核的形成和有性繁殖，出现了一种新的被称为真核生物的单体细胞生物体（图30），其最早可能在距今30亿年前由原核生物进化而来。真核细胞在体积上通常比原核细胞要大约1万倍。真核细胞内含一个能够系统组织遗传物质的细胞核，而细胞核会极大提高变异的数量和进化速率。真核生物通过呼吸作用实现能量代谢。为此，真核生物的出现表明元古宙时大气圈大量自由氧的存在。在距今约20亿年前，当耗氧的条带状铁建造停止沉积时，氧气开始取代大气和海洋中的二氧化碳。

距今约15亿年前，生物进化突然加速，地质记录中保存下来的生物遗迹较之前明显增多。然而几乎又经历十亿年后，化石记录中才出现被称为后生生物的多细胞生物。此时，海洋中溶解氧的含量能达到现今水平的5%～10%，并且含氧水平的升高极大促进了许多独特生物的进化。

如此快速的进化阶段，其触发机制包括生态胁迫、大陆漂移引起的地理隔离及气候变化。生物体不再完全依靠体表吸收氧气。古生宙末期含氧量已接近现今水平的50%，呼吸和循环系统已经出现，随后的生物大爆发产生了当今地球上所有生物的祖先（表4）。

古生宙晚期距今约6亿年前，单体细胞间相结合而形成了被为后生生物的多细胞生物。由后生生物演化来的更复杂的生物体成为所有现生海洋生物的祖先。最初的后生生物是单体细胞间因共同目的，如运动、摄取食物、自我保护等，而联合在一起的自由群体。最原始的后生生物可能由许多细胞组成，每一个细胞都拥有自己的鞭毛。它们共同组成一个中空的小球形体，依靠所有鞭毛共同击打水体来实现该种微小生物体在海洋中的运动。

这些后生动物营水生底栖固着生活，水从体表入水孔进入，经出水孔排出体外，形成原始的循环系统，借以完成食物颗粒获取和废物排泄。它们是

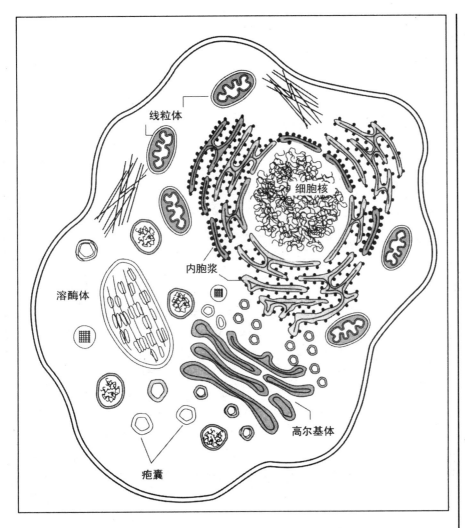

图30
*内含DNA遗传物质的
细胞核和细胞器组成
的真核细胞*

海绵动物的祖先（图31），也是最原始的后生动物。它们形状和大小不一，有些长度可超过10英尺（约3米），在海底可发育成灌丛状。它们的身体包含三个弱化组织层，细胞若同主体分离，也能独立生存。细胞体间相互联结，或独自成长为成年海绵。海绵缺少高级生物具有的能够控制胚胎发育成为新个体的调节基因。

　　大多数海绵具有钙质或硅质的坚硬内骨骼和互联的骨针。一种海绵具有玻璃状的刺状小骨骼，其外表结构粗糙，同浴室内所用的平滑亲缘体海绵截然不同。玻璃海绵具有玻璃状的硅质骨针，这些坚硬的骨骼结构是海绵唯一能保存为化石的身体器官。海绵动物从前寒武纪至今一直存在，但

表4　动物分类表

门类	特征	地质年代
原生动物	单体细胞动物：有孔虫类和放射虫，约8万现生种	前寒武纪至今
海绵动物	海绵：约1万现生种	前寒武纪至今
腔肠动物	身体具有三胚层：水母、水螅、珊瑚；约1万现生种	寒武纪至今
苔藓动物	苔藓虫：约3,000现生种	奥陶纪至今
腕足动物	两不对称的介壳：约260现生种	寒武纪至今
软体动物	线型、卷曲或两对称介壳：蛇、蛤、乌贼、菊石；约7万现生种	寒武纪至今
环节动物	身体分节、具发育完全的内脏：蚯蚓和水蛭；约7万现生种	寒武纪至今
节肢动物	现生生物中最大的门，已知现生物种数量超过100万：昆虫、蜘蛛、虾、龙虾、螃蟹	寒武纪至今
棘皮动物	底栖、辐射对称：海星、海参、海胆、海百合；约5,000现生种	寒武纪至今
脊椎动物	脊柱、内骨骼：鱼类、两栖动物、爬行动物、鸟类、哺乳动物；约7万现生种	奥陶纪至今

寒武纪时海绵骨骼化石才大量出现。海绵大量繁生，直接从海水吸取硅质用来建造自己的骨骼，这正是现今海洋中硅质矿物与其他矿物相比极大减少的原因所在。

下一生物演化阶段是水母类动物，这种动物在内、外胚层间还有中胶层，支撑着碟状生物躯体。与海绵细胞不同，水母细胞与主体分离后，无法独立生存。细胞间通过原始神经系统相连，彼此间相互制约，已经发育出最原始的运动肌肉。由于水母缺少坚硬的身体器官，其所形成的化石很少见，通常仅保存为印痕化石。

接着进化而来的是分节的原始蠕形动物，发育出了肌肉和其他尚未发育完全的器官，包括感觉器官和传输信息的中枢神经系统。环节动物是分节的蠕形动物，身体由长序列的相似体节组成。环节动物包括海洋蠕虫、蚯蚓、扁形虫和水蛭等。环节动物生存于前寒武纪晚期至今，其化石稀少，主要是体管、微型牙齿和颚。

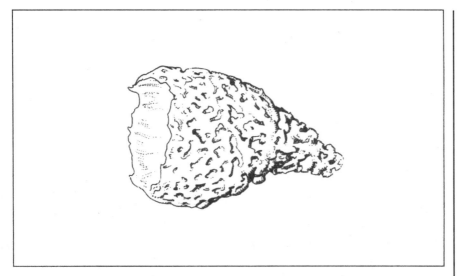

图31
海绵是最早的大型海洋生物，体长可超过10英尺（约3米）

早期蠕形动物营底栖生活，留下了大量的足迹、痕迹和洞穴化石（图32），为此元古宙被称为"蠕虫时代"。但距今6.7亿年前时，造痕动物并

图32
南极彭萨科拉山脉海泽尔砂岩中的蠕虫化石（照片由D. L. Schmidt拍摄，美国地质勘探局USGS提供）

不存在。海洋蠕虫穴居于底部沉积物，或固着在海底，发育出由方解石或文石所组成的体管。体管大多呈直线型或不规则缠绕状，固着在岩石、贝壳和珊瑚等固体上面。早期的海洋扁形虫个体很大，体长可达数英尺。蠕虫适应了在洋底沉积物中的穴居生活，进而演化为更高级的生命形式。

片状海洋蠕虫体长能接近3英尺（约0.9米），但其厚度不会超过1/10英寸（约0.25厘米），这样可以保持较大的表面积，有利于直接从海水吸收氧气和养分。许多动物体形异常扁平的另一原因是元古宙时可获得的食物供给是有限的，较高的体表比率有助于共生在其体内的藻类采集阳光。藻类滋养宿主，同时宿主为其提供支持，两者互利共生。

距今5.65亿年前出现了一种圆形的蠕虫，身体呈两侧对称，且具有头部。这种动物具有三胚层结构：外胚层、中胚层和内胚层，内胚层包裹着体腔。身体内发育出了原始的心脏、血液和血管系统、呼吸系统。这种蠕虫的洞穴、排泄物和由原始附肢形成的抓痕能够保存为化石。由该生物进化来的后口动物包括脊索动物、海胆、海星和海洋蠕虫等。这种先祖生物也可能进化为原口动物，包括软体动物、昆虫、蜘蛛、水蛭和蚯蚓等。

被称为鞭毛虫的海洋蠕虫可能是同地球上最早的与两侧对称生物最接近的现生物种。它们由扁形虫、寄生绦虫和肝吸虫组成，是由海星等辐射对称动物向节肢动物和脊椎动物等更为高级生物过渡的活化石。这种两侧对称的动物可能生存于前寒武纪至今，早期后生动物经历了空前的大发展。鞭毛虫在生物进化树形图中分叉于辐射对称的海星，但随后分化为三类两侧对称生物类群：软体动物、节肢动物和脊椎动物。它们是联系原始生物和更为高级生命形式的纽带。

最早的植物化石几乎全部由藻类构成，它们建造了叠层石构造（图33）。叠层石体由层状细胞所建造，由细胞分泌出胶状物黏合沉积物而成。上覆光合生物利用阳光繁殖生长，并提供给下部层位养分。在距今约8亿年前的元古宙晚期，由于食藻动物的出现，叠层石的多样性发生显著衰退。

埃迪卡拉动物群

元古宙末期地球经历了重大自然变化，推动着物种快速辐射。此时，罗迪尼亚（Rodinia）超级大陆位于赤道位置（图34），罗迪尼亚在俄语中即为"发祥地"的意思。随后罗迪尼亚超级大陆分裂开来，引发了强烈的热液活动，促使地球环境发生重大变化。伴随地球的重大自然变化，海洋栖息地出

图33
亚利桑那州希拉县瑞格矿山上部峭壁中的叠层石地层（照片由A. F. Shride拍摄，美国地质勘探局USGS提供）

现了地球演化历史上最重大的新物种大爆发，导使海洋含有大量广泛分布的各种各样的生物体。海平面上升之后淹没大部分陆地。延伸的海岸线促进了新物种的爆发。生命形式快速进化，独特、奇异的生物在海洋深处漫游着。

　　元古宙末期占统治地位的动物是腔肠动物。它们是呈辐射对称的无脊椎动物，包括宽度可达3英尺（约0.9米）的巨水母状浮游动物和羽状群落形式，它们可能是珊瑚的祖先。它们固着在洋底，体长可超过3英尺（约0.9米）。子遗物种主要为海洋蠕虫，包括外部无遮盖的类似节肢动物的独特动物和外表奇特的小型三射海星。瓶形古杯动物同海绵和珊瑚相似，建造了最

图34
距今约7亿年前的罗迪
尼亚超级大陆

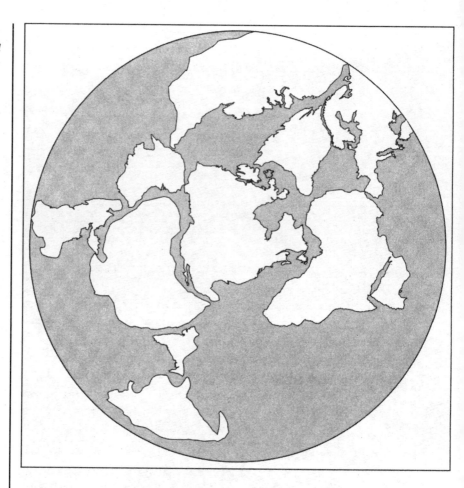

古老的礁灰岩，最后在寒武纪灭绝（图35）。这些生物同现代动物之间具有类缘关系。新生物种快速繁殖，出现了几乎所有的海洋生物类群，从而为地球所有现生物种的祖先完成进化奠定了基础。

南澳大利亚埃迪卡拉山地区的艾迪卡拉组地层中包含有奇特生物的印痕化石。埃迪卡拉动物群的辐射是突发性的，由空前的环境变化而引起。部分埃迪卡拉动物在当时体型巨大，大小可达3英尺（约0.9米），体形为辅条轮状、微型锚钉状、波纹或莴苣状叶状。埃迪卡拉大型动物为地球上复杂生命形式的存在提供了最古老的证据，此前生物界主要由微型单一细胞生物体构成。

在前寒武纪最后一次冰期结束后不久（该冰期是地球历史上最严重的一次）距今约6亿年前，高级生命形式突然出现。埃迪卡拉动物群的出现同地球自然环境的巨大变化密切相关，包括大陆分裂和含氧量水平的提高，使向大型动物的进化成为可能。

在世界上零星分布的20多个地点，从印痕化石中已鉴别出约30种简单而美观的此类生物。许多印痕是由同现代水母、珊瑚及分节蠕虫密切相关的动物所留下，其他的看起来可能是节肢动物、环节动物或棘皮动物。有些生物形式的体形呈三重对称，这是在现代生物中未曾发现的。

埃迪卡拉化石代表一种与现代海洋生物明显不同的海洋生命，其特征包括羽状叶、袋状皮摺、扁平块状物和刻花盘。许多留下了辐射、同心或平行线痕，而其他的则长满棘手的枝状物。该类生物没有头和尾，没有循环、神经和消化系统，也没有目、口、骨架及内脏，从而难以对其进行分类。

寒武纪生物爆发之前岩层中的埃迪卡拉动物群在世界范围内均有发现，寒武纪时有壳动物爆发才开始登上舞台。正是埃迪卡拉动物群的消失才推动了寒武纪生物大爆发的出现。只有当前寒武纪海洋去除原始的生命形式，才能出现更为高级生物的繁盛和多样化。生物进化高潮标志着寒武纪的开端，产生现今在全球范围内游行、爬行或飞行的几乎所有动物门类。动物第一次拥有介壳、颚、爪及其他的生物学变革。

埃迪卡拉动物群可看作是上述高级生物的预演，动物群身体结构和形态在之前和以后的化石记录均未有发现。绝大部分埃迪卡拉动物同现代生物形式无明显继承关系。埃迪卡拉动物群可能代表多细胞生物一次失败的生命演化试验，完全与已知生物界相分离，并在尚未为人知的生物灭绝事件中消

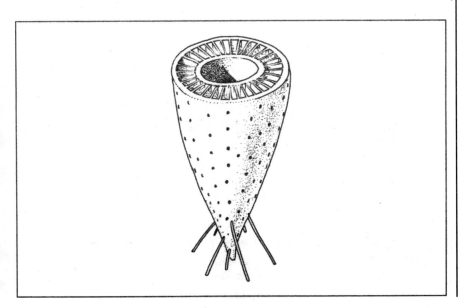

图35
建造最古老礁灰岩的古杯动物

亡。然而，部分埃迪卡拉生物在地球上的生存时间比过去认为的要长，其在寒武纪时仍能很好存活。

埃迪卡拉动物群化石呈现出特殊的身体结构（图36），完全不同于地球上的任何现生生物。在前寒武纪末期文德纪之后，被称为文德生物的部分埃迪卡拉动物群演化出一种独特方法，用来解决该大型生物的供养问题。它们使用类似于血管的管状网络，为细胞输送氧分和氧气。这些动物化石没有专司摄食和排泄废物的孔。它们可能直接从海水中吸取氧气和养分，或者为将阳光转化为能量的共生藻类提供栖息地。它们未表现出明显的内脏和循环系统，因两者难以变成化石而被保存。然而有些动物却留下类似粪粒的记录，这是存在高级消化系统的证据。

埃迪卡拉动物群极度平展的身体使体表面比率最大化，从而促进对养分和氧气的有效吸收，让共生藻类更好获取阳光。藻类植入宿主组织中，宿主保护藻类免遭捕食，同时藻类为宿主供给氧分和移除废物。当前寒武纪末期浅海供给养分和氧气能力较弱时，该共生关系能够较好适应盛行的海洋环境。

埃迪卡拉动物群适应了前寒武纪末期极度不稳定的环境并开始大量繁殖。然而，在进入寒武纪生物大爆发阶段之前，约距今约5.4亿年前，在有限环境领域内的生物超特化引发了埃迪卡拉动物群的重大灭绝。随后，寒武纪的多细胞生物开始快速进化。从灭绝事件中生存下来的海洋生物同其埃迪

图36
澳大利亚前寒武纪末期的埃迪卡拉动物群

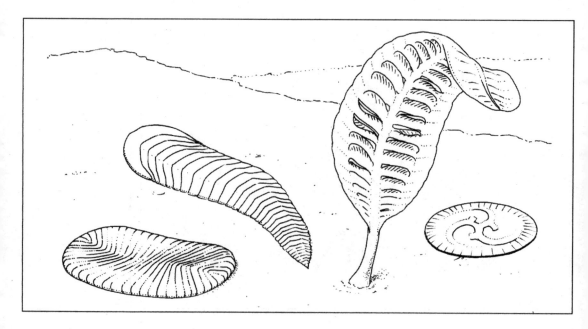

卡拉动物群祖先间存在显著差异，新生物种高度分化。埃迪卡拉动物群后代演化为两支重要的现代生物谱系，一支包括软体动物、节肢动物和环节动物等原口动物，另一支包括棘皮动物和人类自身所归属的脊椎动物在内的后口动物。

条带状含铁建造

与太古宙的矿脉不同，元古宙矿床是层状的。铁作为地壳中第四富集的元素，自地壳中浸出，在还原环境下溶解于海水中。当铁在海洋里与氧发生反应，沉淀于大陆边缘的浅水地区并形成大量沉积物。富铁和贫铁的带状沉积物相交替，使矿体呈现出条带状外观，为此命名为"条带状含铁建造"（BIF）。这些矿藏在世界范围内被广泛开采，占开采铁矿石储藏量的90％。

实际上，由于光合生物能够产生氧气，生物活动在铁矿成矿过程发挥着重要作用。当植物开始释放氧气（图37）后，为了维持海洋含氧水平在早期

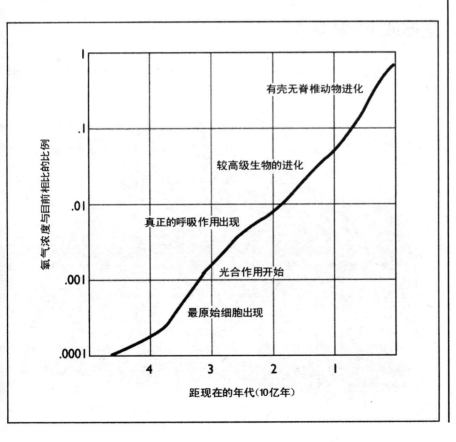

图37
大气含氧量和生物演化过程

原核生物所能忍受的限度之内，氧气会与铁相结合。正是由于该调节机制，整个太古宙期间，氧气含量水平可能维持在1%之下。距今25亿～20亿年前，光合作用产生了充足的氧气，并大规模地与铁发生反应。

条带状含铁建造由铁质和硅质交互层构成，形成于距今约20亿年前的早元古宙冰期最盛期。因某些尚未探明的原因，主要的铁矿成矿事件与冰期相一致。当时海洋温度较现代要高，当富铁和硅的温暖洋流流向极地冰川区，海水迅速冷却，无法维持矿物的溶解状态。矿物从海水中发生沉降，因铁质和硅质矿物两者沉淀速率的差异，它们在洋底形成交替层位。大部分溶解铁被固定在沉积物中后，含氧水平开始稳步升高，促使当时的生物向更高级生物进化。

海洋生物化学作用同样对层积硫化物矿床的形成起着重要作用（图38）。硫代谢细菌生活于海底热液烟囱附近，将硫化氢气体氧化为元素硫和各种硫酸盐。元古宙的铜、铅、锌要远比太古宙富集，说明主要来源为洋底火山活动。

前寒武纪大冰期

元古宙是一个转折期，光合作用产生的氧气不断取代二氧化碳。太古宙

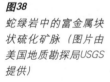

图38
蛇绿岩中的富金属块状硫化矿脉（图片由美国地质勘探局USGS提供）

时期，尽管太阳输出能量仅是其现代水平的70%，原始大气二氧化碳的浓度却超过现今水平的1，000倍，大量的二氧化碳使地球无法维持凝固体状态。当最古老的微观植物出现后，它们用氧气取代了海洋和大气圈中的二氧化碳，现在两种气体的浓度关系已完全倒置。尽管太阳在逐渐变热，作为重要的温室气体，二氧化碳的流失导致了气候变冷。

元古宙开始后不久，距今约24亿年前，全球气温开始降低，触发了目前已知最早的一次冰期（表5），此时大范围冰盖几乎席卷了全部的大陆。陆地位置对冰期的开始具有重大影响，陆地漂移进入寒冷的高纬地区，促进了冰盖的发育。以强烈火山活动和海底扩张为特征的全球构造运动，通过降低海洋和大气的氧气浓度，也可能引发该次冰期。这样更多有机碳被保存在沉积物中，生物体无法使其重返大气中。

同时板块构造运动开始变得活跃，板块俯冲挤压碳酸盐沉积物和下伏海洋地壳进入地球深部。不断增长的陆地以石灰岩等厚层碳质岩储藏了大量碳。二氧化碳以该种方式而消除，引发了地球强烈降温。除有机碳埋藏外，铁沉积和与板块构造紧密相关的强烈热液活动同样促进了全球变冷。这是地球上已知最古老的冰期，但并不是最强大的冰期。

地壳内的碳埋藏是地球又一次冰期爆发的关键，其开始于距今约6.8亿年前的元古宙末期，在可识别的动物生命出现之前，该次冰期被称为瓦兰吉尔冰期，以挪威瓦兰吉尔海峡而得名。大量冰川几乎覆盖一半的陆地，时间长达数百万年。在距今8.5亿～5.8亿年间，共经历四次冰期。冰川岩屑和富铁岩石沉积在每一陆地上均有分布，两者形成于冷水环境中，表明当时热带地区也全面结冰。冰期几乎扼杀了全部生命，生物需要在苛刻生存环境下忍耐数百万年。

位于赤道位置的超级大陆解体后分解为四或五块主要的陆地。最大的一块陆地漂移进入了南极地区，形成厚冰盖。该次冰期可能是最强大、延续时间最长的冰期，近半个地球为冰体所覆盖。冰盖相当宽阔，以至于该时期被称为"雪球地球"。若不是大规模火山活动恢复了大气二氧化碳浓度，地球可能仍为冰雪覆盖着。

当时气候寒冷，冰盖和永久冻土带延伸至赤道纬度地区。冰期时没有陆生植物生长，仅有简单的动植物生活于海洋中。冰期带给海洋生物以致命打击，在第一次生物大灭绝期间，大量低等生物灭亡。在地球发展历程中，此时生物种类相对稀少。生物灭绝使海洋低等生物数量骤减，原生藻类群落最先演化为含细胞核的复杂细胞生物体。该次冰期发生在多细胞生物急剧分化

表5 地球冰期年代表

年代（距今／年）	事件
1万~至今	冰后期
1.5万~1.0万	冰消期
2.0万~1.8万	末次冰期最盛期
10万	末次冰期
100万	第一次间冰期
300万	北半球第一次大冰期
400万	格陵兰和北极冰盖
1500万	南极第二次大冰期
3000万	南极第一次大冰期
6500万	气候恶化、极地寒冷
2.5亿~0.65亿	温暖间冰期、气候稳定
2.5亿	二叠纪大冰期
7.0亿	前寒武大冰期
24亿	第一次大冰期

之前，冰期结束后紧接的是距今5.75亿~5.25亿年间的生物大爆发。

冰期以冰碛物和冰碛岩沉积物为标志。每个大陆均存在厚层前寒武纪冰碛岩序列（图39）。冰碛岩是由冰川冰所沉积黏土和砾石的混合堆积物胶结固化之后成岩的。在北美苏必利尔湖地区，冰碛岩厚达600英尺（约180米），东西延伸1,000英里（约1,600千米）。在犹他州北部，冰碛岩堆积厚度为12,000英尺（约3,600米）。多层冰川沉积物地层表明一系列的冰期曾接踵而至。类似的前寒武纪冰碛岩见于挪威、格陵兰、中国、印度、非洲西南部和澳大利亚等地。

前寒武纪末期冰期时，澳大利亚处在冰川掩盖之下（图40）。南澳大利亚阿德莱德北部湖泊沉积物中距今6.8亿年前的冰川纹泥保存有元古宙太阳活动周期的信息。冰川纹泥是由冰川湖泊逐年沉积的泥层叠加而成。夏季冰川冰融化，融水携带沉积物注入湖泊，沉积物发生沉降形成层状沉积。在太阳活动的活跃期，全球平均温度升高，冰川消融加快，纹泥年层变厚。通过计算厚年层和薄年层，建立年层序列，可呈现出11年太阳黑子活动周期和22年太阳活动周期，后者可能为早期的月运周期，现在月运周期约为19年。

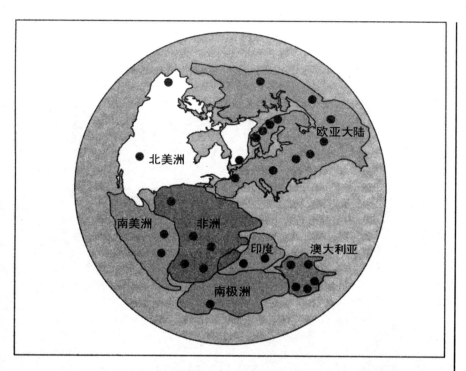

图39
前寒武纪冰川沉积物分布图

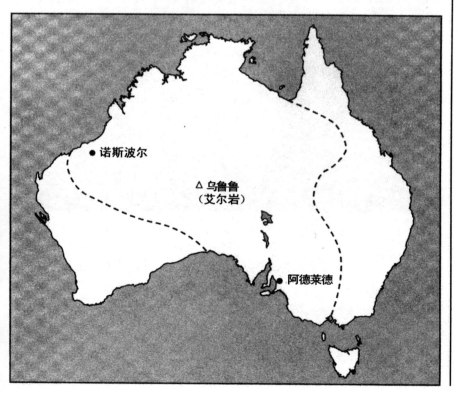

图40
虚线表示澳大利亚前寒武纪末期冰期延伸范围

图41
科罗拉多州厄尔巴所县尤提帕斯前寒武系花岗岩上覆的瑟瓦屺砂岩（照片由N.H.Darton拍摄，美国地质勘探局提供）

冰川沉积物上部地层岩石中含有碳酸盐矿物，表明强烈火山活动释放了大量二氧化碳进入大气圈，而二氧化碳温室效应使地球变热，促使冰川消融。在元古宙末期冰川消失后不久，生物大发展伴随新物种进化而达到高潮，类似情形从未出现过，这改变了地球生物圈组成。生命形式向多个方向演化，产生了许多独特而奇异的生物。生物快速演化，产生的生物门类和种群数量是现在的3倍，但同现在生物拥有相同的形体结构。

许多这个时期特有的生物控制着海洋。相对于其他地质历史时期，该阶段试验性生物比率最高，且生物演化出各自的特性。当时存在100个生物门类，然而仅有1/3生物门类生存至今。生物繁盛为向更高等物种进化奠定了基础。同时，由于钙质生物进化发育出硬质外壳，生物遗体化石开始广泛存在。

大陆壳

进入元古宙时，现今大陆壳至少有80％已经存在（图41）。如今固封在沉积岩中的大部分物质，此时分布在地表附近。大量太古宙岩石容易发生侵蚀和再沉积。直接源自原生物源的沉积物被称为杂砾岩，常被表述为泥质砂岩，它们常见于阿尔卑斯和阿拉斯加的褶皱沉积岩层。大多元古宙杂砾岩由源自太古宙绿岩带的砂岩和粉砂岩所组成。另一种常见岩石类型是细粒石英岩，为花岗岩和粗颗粒长石砂岩的侵蚀变质岩。

图42
犹他州萨米特县尤因塔山脉洛多尔峡谷和格林河（照片由W.R.Hansen拍摄，美国地质勘探局提供）

57

砾岩是固结成岩的砾石物质，元古宙时期同样大量存在。厚度近2万英尺（约6，000米）的元古宙沉积物组成了犹他州的尤因塔山脊（图42），西蒙大拿元古宙岩系所含沉积物厚度超过11英里（约18千米）。元古宙因其广泛分布的大陆红层而闻名，红层因沉积物颗粒胶结染色氧化铁矿物而得名。它们出现于距今约10亿年前，表明当时大气圈含有相当数量的氧气。

在加拿大西北部的麦肯锡山脉，白云岩沉积物厚达6，500英尺（约2，000米）。在阿尔卑斯山，白云岩巨块高耸而立。灰岩和白垩等碳酸岩沉积物主要由低等生物的贝壳和骨骼等有机过程生成，常见于距今约7亿年前的晚元古宙。相比较而言，在太古宙时期由于缺少造礁生物而相对罕见。

元古宙陆地由太古陆核构成。距今约20亿年前，7个克拉通集结成为北美大陆，形成了最古老的陆地。克拉通在现今加拿大中部和美国中西部地区结合而连成整体。同时，大陆碰撞不断向原始北美大陆（图43）增加大面积新生地壳。哈得逊湾史密斯角就是附着在陆地之上年代为20亿年的洋壳碎片，指示着大陆碰撞和古代海洋的闭合。火山岩岛弧则由加拿大中东部地区迂回延伸至达科他州。

加拿大大熊湖和波弗特海之间的地区保持着古代山脊的根部，该山脊在距今12亿～9亿年前期间因北美大陆同一不知名陆地的碰撞而生成。距今

图43
原始北美大陆因不断增加陆地碎块而不断扩大

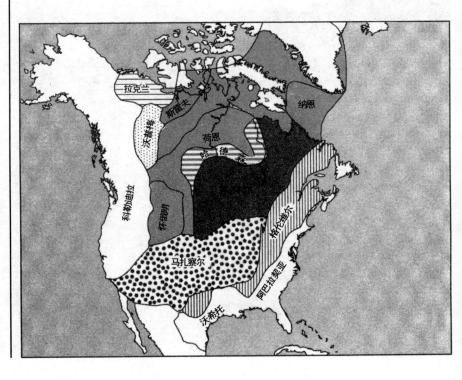

13亿~9亿年前，北美大陆同南美大陆相碰撞，产生格伦维尔造山运动，在北美东部由得克萨斯州到拉布拉多形成一条绵延3，000英里（约4，800千米）的山带。同时，大陆碰撞不断将大面积的新生地壳增加到原始北美大陆，使其不断扩大。

大部分美国领域的下伏陆壳，由亚利桑纳州到大湖区，再至阿拉巴马州，在北美地区形成了无与伦比的地壳增生带。新生地壳快速建立，可能是因为处于地球演化历史上的构造运动极度活跃期。聚集而成的北美大陆相当稳定，经受住了长达十亿年的挤压和破裂作用。通过在边缘地区增加陆地碎块和岛弧，北美大陆不断扩大着。

北美大陆东缘的大量火山岩表明元古宙晚期北美大陆是罗迪尼亚超级大陆的中心。大陆内部受热造成火山喷发。温暖减弱的地壳随后在距今6.3亿~5.6亿年前破裂分解为几个主要的陆地，尽管陆地形状同现今存在差异。超级大陆的解体产生了数千英里新生陆地边缘，这对显生宙初期新生物大爆发起着重要作用。

讲述完元古宙的生命演化，下章将讲述寒武纪时期的无脊椎生命形式和地层。

4

寒武纪的无脊椎动物

有壳动物群时代

　　本章将要介绍下古生代时期的无脊椎生物和地形。距今5.45亿年前到5亿年前的一段时期被命名为寒武纪时期，得名于英国威尔士南部的一座山脉，那里包含有已知最早的化石沉积物。在寒武纪之前的古老岩石当中几乎没有发现化石，而寒武纪却是生命骤然在世界范围出现的时间，这一直让19世纪的地理学家们困惑不解。因而，寒武纪的开始（图44）被认为是生命进化的开始，在寒武纪之前的所有时期则被简单称作是前寒武纪。

　　从地质进程来看，这段时期总体来讲是安静的，很少有山脉构建、火山活动、冰川作用和极端的气候发生。前寒武纪晚期，罗迪尼亚超大陆的分裂

和大陆随内陆海洋的漂移形成了大量温暖的浅水栖息地，从而促进了新物种的爆发。在寒武纪长达80％的历史时期里，大多数生命是独有的单细胞生物。在不到6亿年前，多细胞生物突然出现。而在这以前从来没有这么多的全新和罕见的生物存在，以后也没有。令人惊奇的是，当时的任何一种生物在现在的生物世界里都没有相对应的种类。

图44
在田纳西州约翰逊县的下寒武纪罗马层中的风化页岩向斜（照片提供：W.B. 哈密尔顿，承蒙美国地质勘探局USGS允许）

寒武纪大爆发

寒武纪是物种进化的全盛时期，这段时期以首批复杂动物的长达1,000万年的快速进化为特征，这些动物都有外骨骼。几乎所有动物门类的首次出现都可以在寒武纪的化石记录找到见证。寒武纪开始时，先是一段较短时期的大量新物种创造过程，之后是超过5亿年的生命在解剖学上的变化过程，而这些都发生在单细胞生命出现30亿年之后。正因为有如此多的全新和不同种类的生命形式的出现，这个时期被称作是寒武纪大爆发。

寒武纪大爆发是生命历史上最引人注目和最不同寻常的时期，同时也是最令人迷惑的时期。在寒武纪早期时，软体埃迪卡拉动物群消失了，有壳动物群开始快速增殖（图45）。大约在距今5.3亿年前，这次生物增殖达到顶峰，海洋里充满了大量不同种类的生命。不知道是从什么地方来的，大量的动物体在非常短的时间内出现了，并且它们都长有令人费解的形态结构各异的外骨骼。

动物体中坚硬骨骼的形成曾经被认为是地球历史上最大的转折点，这标志着一个重大的进化变化，而这种变化是通过加速新物种的发育速度实现的。化石记录了几乎所有当代动物的重要群体。动物第一次突变出了外壳、骨骼、腿和感觉触角。与此同时，稳定的环境使得海洋生物的旺盛生长并且扩散到世界的所有区域成为可能。

这一时期紧随在重要的前寒武纪冰河时期之后，而冰河期是地球所经历的最恶劣的时期，当时大冰原覆盖了半个地球。这一时期氧气浓度达到了相当高的水平。在寒冰消失后，海洋开始变暖，生命开始向四面八方进发。与任何其他地质历史时期相比较，寒武纪时期的实验型生物出现的比率是最高的，当时存在的动物门类可能比现在多三倍以上。

在寒武纪初期，一次海洋水的上下翻腾可能将大量富含营养的洋底水带

图45
寒武纪早期的海洋动物群

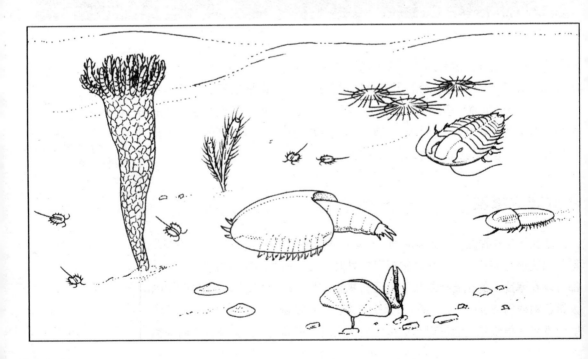

到海洋表面。由于海水中的钙含量升高，早期软体动物发育出了骨骼，用来在组织中储存过量的钙，而钙对动物来讲是种毒性矿物。随着海洋中钙浓度的进一步升高，动物骨骼变得越来越多样化和精巧化。

大气中氧气水平的升高似乎是与骨骼进化同时发生的。氧气水平的升高提高了代谢能量，使得更大型动物的生长成为可能。上述情况的出现反过来需要动物具有更强壮的结构作为支撑。骨骼进化同时是对即将出现的凶猛食肉动物的反应。令人感到不解的是，这些食肉动物绝大部分是软体动物，因而没有被很好地保存为化石。

在寒武纪开始时和有壳动物之前出现的软体生物很难被保存到化石记录中。有软体部分的动物死亡后会很快地腐烂。因此，只有软体动物存在的痕迹残存了下来，例如印痕、足迹和钻孔等。这其中包括在澳洲南部埃迪卡拉山上发现的距今6.7亿年前的软体动物化石印痕。

到了前寒武纪后期，在适应了非常不稳定的条件后，埃迪卡拉动物群开始大量繁殖。然而此后环境条件的变化导致了约5.4亿年前寒武纪爆发刚刚开始时出现的埃迪卡拉种群大量灭绝。幸存下来的海洋动物与它们的埃迪卡拉祖先有了明显的不同，它们参与了迄今为止已知规模最大的新生物种多样化发展进程。

在寒武纪开始时，埃迪卡拉动物群出现1.25亿年后，这些动物群的大部分陷入了进化的绝境。具有坚硬骨骼的动物突然出现，海景也随之发生了变化。生物体的大部分门类几乎都同时出现，其中许多门类的开端可以追溯到前寒武纪的后期。大部分生物在寒武纪时期发展进化出的体型是现代物种的蓝本，寒武纪之后很少有全新的生物外形轮廓出现。

当骨骼进化开始后，保存在化石中生物体的数量出现了明显的增加。所有已知容易化石化的动物门类都出现在寒武纪，在寒武纪之后，动物新种类的数目急剧下降。由于化石化和大量物种的出现，寒武纪的开始阶段盛产化石，而化石化是由以下几种因素决定的：（1）碳酸钙或者是硅石等形成的坚硬的身体部分；（2）快速掩埋以防止食肉动物的袭击和防止氧化引起的腐败；（3）在几乎没有腐蚀条件下的长期沉积。

三叶虫时期

寒武纪时期的生物中最出名的是一种被称作三叶虫的无脊椎动物（图46）。在寒武纪早期，一次灭绝消灭了大量不同种类的新进化物种。大规模

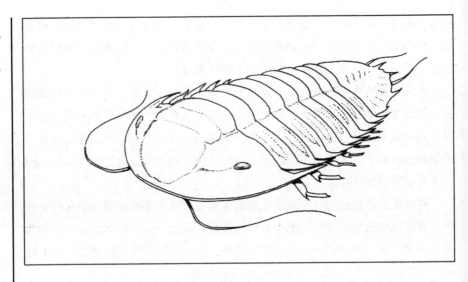

的灭绝淘汰了超过80%的所有海洋动物属，是地球历史上最严重的灭绝事件
之一。这次灭绝与大陆碰撞之后的海平面下降恰好同时发生，也为三叶虫取
得优势铺平了道路。三叶虫是最早的生长有硬壳的生物体之一，是接下来的
1亿年内的统治性物种。

　　三叶虫是远古的水生甲壳类动物，是化石收集者特别喜欢的动物，其
地位仅次于恐龙，而恐龙是公众最感兴趣的。当时的三叶虫非常普遍和多
样化，就如同它们现在的甲壳类亲缘动物一样。因为大部分现存的陆地区
域曾经在古生代的不同时期被水淹没，三叶虫在所有大陆的海洋沉积岩石
中都可以找到。它们大多生活于海底，属于已知最早长有硬壳的生物。不
同寻常的结构和三叶虫的完美复眼提供了有关无脊椎动物历史早期视觉能
力的重要信息。

　　三叶虫是小而呈椭圆形的节肢动物，是马蹄型蟹类的祖先，而马蹄型蟹
类是它们仅有的保存下来的直系后代。三叶虫的身体有三叶，因而有了三叶
虫的名称。三叶虫的三叶分别是包含最主要器官的中央轴向叶、两个旁边的
或者是侧向的叶。巨型三叶虫化石（肉红长石）对三叶虫来讲确实是令人不
解的事情，肉红长石长度近2英尺（约0.6米），但同时大多数三叶虫的普遍
长度都小于4英寸（约11厘米）。由于三叶虫分布广泛且其生存期贯穿古生
代，它们的化石是测定这个时期岩石年代的重要标志物。它们出现于寒武纪
的最开始阶段，并且成为了早古生代的占统治性地位的无脊椎动物。三叶虫
可以分为约1万个种类，在它们出现约3亿年后，开始减少和灭绝。

　　三叶虫生活在远古海洋海岸附近的浅水区，这些海洋淹没了内陆区域，提供了从海岸线到深海边缘的宽阔大陆边缘。5.4亿年前，海平面升高之后，覆盖了大部分陆地，在诸如北美内陆区域存在的寒武纪海岸就是证明，这种情况在所有的大陆都非常相似。此外，稳定的环境使得海洋生物的繁荣生长、繁殖和广泛分布成为可能。植物群包括蓝藻、红藻和绿藻，以及钙板藻——一种支持古生代早期食物链的浮游生物。某些简单多细胞藻类是在10多亿年前进化的，与现在构成藻席和叠层石的藻类很相似。

令人好奇的是，许多三叶虫化石都有位于身体右侧的被咬过的伤痕。捕食动物可能是从右侧进行袭击，而这可能是因为当三叶虫卷曲起来保护自身的时候会将身体的右侧暴露出来（三叶虫化石经常被发现是身体完全卷曲的）。但是，假如三叶虫在左侧有一个极为重要的器官并且在这个器官受到袭击的话，它被吃掉的可能就很大，因而不会留下任何化石。因此，假如袭击发生在右侧，尽管会受到严重伤害，但是三叶虫仍旧会有较大可能进入到化石记录中。

在三叶虫生长过程中，它们会脱落自己的外骨骼。通过这种方式，一个三叶虫个体可以留下好几个化石，这也就解释了为什么整个的化石是非常罕见的（图47）。在蜕皮时，缝线会横跨头部张开，三叶虫自然地脱落掉自己的外骨骼。然而，如果三叶虫有时没有张开有规则的缝，它们就必须摆动身体脱落掉外骨骼。无论采用哪种方式，在新的骨骼变坚硬之前，三叶虫仍然容易受到捕食动物的袭击。

三叶虫群体在约5.2亿年前的寒武纪后期达到鼎盛时期，当时它们占到所有海洋生物的约2／3。在大约4.75亿年前，随着软体动物、珊瑚虫和其他固定滤食性动物的增加，三叶虫物种的数目突然下降到以前数量的三分之一。此后，三叶虫离开近海区域而转向离岸地区，这可能是对在温度和海水化学性质上发生的重大环境变化做出的反应。三叶虫似乎是紧随在有颚鱼类出现之后消失的。

寒武纪古生物学

海绵动物是寒武纪开始前就在海底繁荣生长的远古多细胞动物。早期海绵动物生活在地球历史中非常关键的时间点，这个时间点是大多数现代动物群体的祖先突然在海洋里出现的时间。远古海绵动物与它们的现代后代的生活方式很相似。它们从海水中过滤营养物，因而提供了过滤进食的最早例证，这在现代海洋中是极其常见的生命模式。

图47

寒武纪时期的三叶虫化石，发现于加利福尼亚州南部的大盆地和内华达州的卡拉拉地层。（照片提供：A.R.帕尔莫，承蒙美国地质勘探局USGS允许）

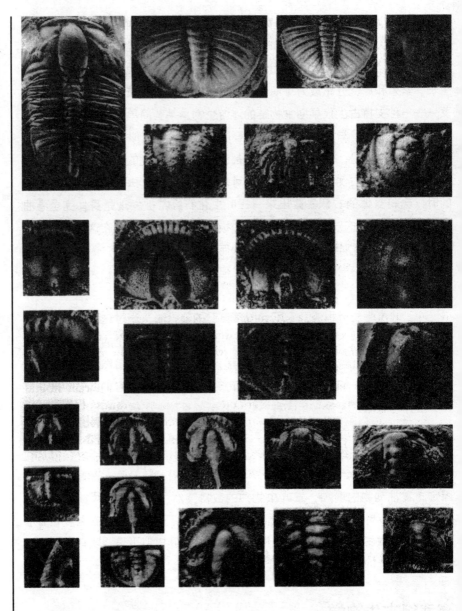

　　海绵动物在寒武纪前就存在，这表明肯定有更复杂的动物在埃迪卡拉动物群出现以前已经发展进化。海绵动物骨骼包括与现存某些海绵动物的骨针非常相似的微小玻璃状刺，说明海绵在中间的这段期间内几乎没有发生变化，这与其他大多数群体是不同的。不过，这种玻璃刺状的海绵动物与浴缸中使用的海绵的类型是非常不同的。

　　在寒武纪海洋中存在很多代表性的希腊语中意为˝内脏˝的腔肠动物。

腔肠动物是最原始的动物，包括水母、海葵、海笔和珊瑚虫等。大多数腔肠动物呈辐射状对称，身体从中心点呈辐射状展开。它们有囊状的身体和被触须包围的嘴。古生物学家必须在超过6亿年的岩石中寻找这种动物的化石。但是，古生物学家在早寒武纪时期微小化石蛋中发现了水母胚胎，这是已知最古老的动物胚胎。上述发现表明有可能通过在远古岩石中寻找胚胎来获得有10亿年之久的复杂动物的证据。

原始的、辐射状对称的动物仅有两种类型的细胞：外胚层和内胚层。相反，两侧对称的动物还有中胚层和独有的消化道。在两侧对称动物被称作卵裂的早期细胞分裂期，受精卵形成两个细胞，进而形成四个细胞，其中每个细胞都可以产生几个小细胞。许多种类有两个阶段的发育过程：在第一阶段，静止水螅体通过底部触须黏附到海底并且嘴向上；第二阶段是可移动的伞状水母或者是水母状阶段，触须和嘴都指向下。

珊瑚虫有许多不同的骨骼形式（图48），珊瑚虫的世代累积构建了厚厚的石灰石珊瑚礁。珊瑚虫在下古生代时开始搭建珊瑚礁，形成了沿着大陆海岸线的岛系和堡礁。古杯类动物是类似珊瑚虫和海绵动物的动物。但是，它们与其他任何现存的生物群体都没有亲缘关系，因而属于它们自己的单一门类。这种锥形动物形成了最早期的暗礁，最终在寒武纪时走向灭绝。由于珊瑚虫曾经繁荣生长于其中的海洋不断回退，许多珊瑚虫在古生代后期数目减少并且被海绵动物和海藻所取代。

珊瑚水螅是一种软体动物，它们实质上是由可伸缩的液囊再加上头部的环状触须组成的。触须围绕着类似嘴形状的开口，并且尖端带有毒刺。水螅生活在独立的被称作是鞘的骨骼杯或者管里，鞘是由碳酸钙组成的。在晚间，水螅伸展触须进食；在白天或者是低潮时，水螅收回触须以免自己在阳光下变干。珊瑚虫与动物黄藻共生存在（协同），黄藻生活在水螅的身体内。藻类消耗珊瑚的废弃产物，并且生产可以给水螅提供营养的有机材料。某些珊瑚虫物种60％的食物是从藻类中吸取的。因为藻类需要阳光来进行光合作用，珊瑚虫必须生活在通常低于100英尺（约30米）深的温暖浅水域，水域的温度位于摄氏25度和30度之间。

棘皮类动物，希腊语意为"带刺的皮肤"，可能是曾经保存在古生代早期化石记录中的最奇怪的动物。手臂从身体中心辐射状向外的五倍辐射状对称结构使得它们即使在较为复杂的动物中也显得尤为独特。棘皮类动物是唯一拥有水生血管系统的生物物种，血管系统是由一系列控制管脚或者是管足的内部管道组成的，用来移动、进食或呼吸。这种动物的种类比其他所有生存和消失动物的门类都要多的事实表明了棘皮类动物的巨大成功。棘皮类动物的主要群体包括海星、海蛇尾、海胆、海参和海百合（图49）等，海百合因其植物状外形而被称作是海洋里的百合。

令人惊奇的是，根据基因组研究，相比其他主要门类而言，早期棘皮类动物和脊索动物之间更加亲近。很明显，棘皮类动物和脊索动物是从早在12亿年前的节肢动物、环节动物和软体动物中分支出来的。这是早在寒武纪大爆发之前发生的，当时几乎每个主要种类的动物都突然出现在化石记录中。

图48
马绍尔群岛的比基尼岛的化石珊瑚（照片提供：J.W. 韦尔斯，承蒙美国地质勘探局USGS允许）

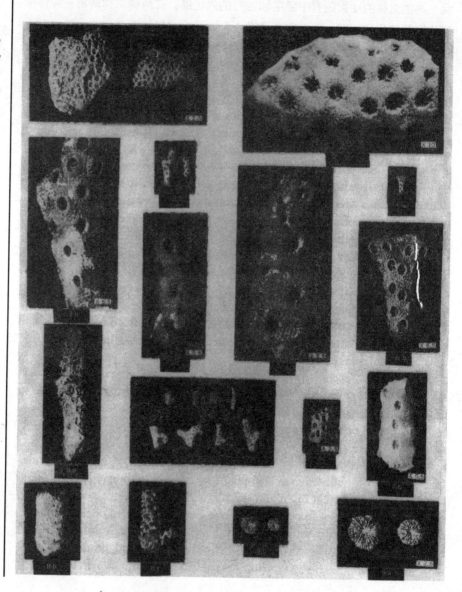

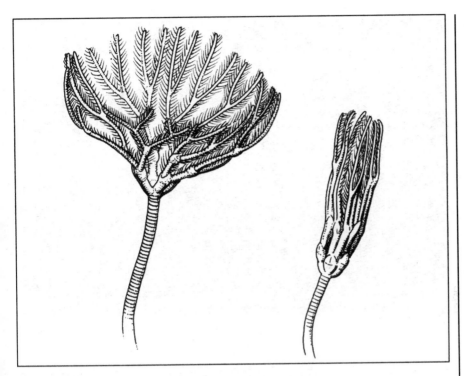

图49
海百合是古生代中期
和后期占统治性地位
的生物物种，直到今
天仍然存在

大约10亿年前，棘皮类动物和脊索动物开始独立进化。这表示在早于寒武纪大爆发的5亿年前，进化在以缓慢的速度进行。

　　腕足动物（图50）也被称作是灯壳动物，因为它们与远古的油灯外形相似，它们曾经是最丰富和最多样化的生物。它们在化石记录中可分类为超过3万个以上的物种。大量繁殖的腕足动物从寒武纪一直存活到现在，但是在古生代最为丰富，中生代时降到较低水平。岩层中腕足动物化石的出现表明中等深度到浅深度的海水曾经覆盖过陆地。腕足动物有两个对称生长的被称作是壳瓣的碟状外壳，可以利用简单的肌肉来开启和关闭。

　　腕足动物通过张开的外壳过滤食物颗粒，需要保护自身免受捕食动物的袭击时，它们会将外壳关闭。更高等的物种有螺纹状外壳以及沿着合页张开和关闭的交错状的牙齿，包括被称作节体动物的腕足动物在内属于这些物种。许多腕足动物可以很好地关联分布于全世界岩石地层的索引化石。它们的化石是重要的标志性化石，被用来确定许多古生代岩石的年代。

　　软体动物是一个高度多样化的群体，是所有海洋动物中给人留下最深刻印象的化石记录的动物（图51）。它们仅位于节肢动物之后组成了21个基本动物群体中的第二大群体。软体动物的门类如此多样，以至于古生物学家很

图50
腕足动物的化石堆
（照片提供：E.B. 哈丁，承蒙美国地质勘探局USGS允许）

难在这个群体的成员间找到共同的特性。其中的三个主要的群体是蜗牛、蛤和头足动物。蜗牛和蛞蝓构成了最大的群体，从寒武纪前它们就开始存在了。一种被称作金伯虫的原始软体动物（图52）是一种形状类似西印度黄瓜的奇特的前寒武纪动物，在寒武纪大爆发之前就已经存在。

包括乌贼、墨鱼、章鱼和鹦鹉螺等在内的头足动物通过喷射推动力行进。它们通过在头部两侧的开口将水吮吸到圆柱形的腔内，在压力下通过漏斗状的附属器官将水排出。它们的直线型的流线型外壳在长度上可达30英尺（约9米）或者更多，使得鹦鹉螺类成为原始海洋中移动最为迅速的动物之一。菊石是海洋肉食动物中最为抢眼的动物，有大量多种多样的卷曲状外壳形式。

节肢动物拥有现存生物中最多的门类，包括大约100万个物种，或者说占到所有已知动物的约80%。在加拿大西部的中寒武纪博捷斯贝岩层中发现了巨大的3英尺（约0.9米）长的节肢动物，是所有寒武纪无脊椎动物中典型的最大动物之一。在原始节肢动物中最早发现和最为熟知的是三叶虫。节肢动物身体是分段的，暗示着它们与环节动物虫类之间存在着某种联系。在大多数分段上普遍出现的成对的有接缝的肢体进化后用来实现感觉、进食、行进和繁殖等功能。

在寒武纪初期出现的甲壳类动物成为了当时占统治地位的无脊椎动物。

它们居住于临近原始海洋海岸的浅水域，这些原始海洋曾经将内陆淹没从而提供了广阔的大陆边缘。甲壳类动物主要为水生节肢动物，包括河虾、龙虾、藤壶和螃蟹等（图53）。介形类甲壳动物，或者叫贻贝虾，是在海洋和淡水环境中都能找到的小型甲壳类动物。它们的化石对于关联早古生代前的岩石是非常重要的，这一点对地质学家来讲尤为重要。

牙形刺是化石化的外形像下巴的微小附属肢体，通常出现在从寒武纪到三叠纪的海洋岩石中，对标明中生代岩石的时期来讲是非常重要的。它们是所有化石中最令人困惑的种类之一，自从19世纪初就开始困扰着古生物学家。古生物学家最初在从后寒武纪到三叠纪时期的岩石中寻找这些分离的外形像牙齿的东西。牙形刺被认为是外形类似八目鳗类鱼的罕见软体动物的骨状附属器官。但是，缺失部分的动物形状在1983年之前都不清楚，直到1983

图51
在爱达荷州埃尔莫尔县亡命溪格凌渡层中高度化石化的砂岩上的软体动物模型和外壳（照片提供：H.E. 马尔登，承蒙美国地质勘探局USGS允许）

图52
金伯虫是一种外形奇特的前寒武纪软体动物

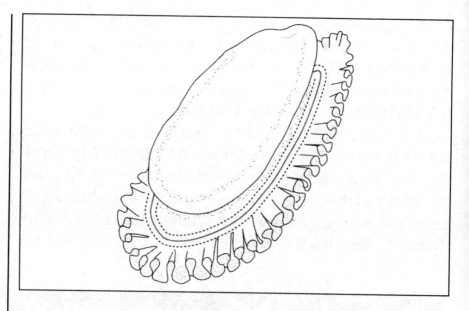

年苏格兰古生物学家在一种鳝鱼形状的化石的前末端发现有牙齿状的部分。此外，牙形刺中存在的在无脊椎动物中尚不知道的特殊眼部肌肉将脊椎动物的化石记录推回到了远至寒武纪的时期。牙形虫在泥盆纪时期显示了最大的多样性，并且对那段时期的长期岩石关联有重要的作用。

　　笔石动物外形类似植物的茎和叶，但实际上是动物的杯状生物群体，独立的生物体隐蔽于微小的杯内。它们像小灌木般紧贴于海底，或者是黏附在

图53
类似图中蟹类的甲壳类动物主要是水生物种

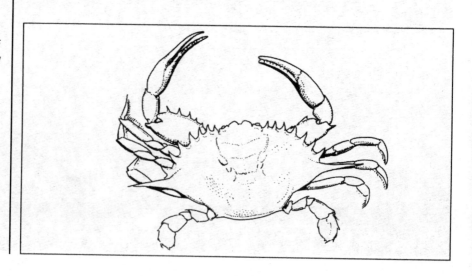

海草上，在接近表面的地方自由漂浮，看起来非常像微小的锯刃。深埋在底部泥浆中数量巨大的笔石动物可以产生富含有机物的黑色页岩，而黑色页岩的形成需要缺氧的环境。它们是下古生代岩石的重要标记物。

布尔吉斯页岩动物群

在加拿大不列颠哥伦比亚省的布尔吉斯页岩层中发现了奇异的软体动物遗迹，这些动物最早出现于在大约5.4亿年前复杂生物刚刚出现后的下寒武纪。上述动物群的基本解剖学设计显示出比当今世界上所有的海洋都更多样化的特性。它包括了约24种类型的在现在找不到对应物的植物和动物。其中许多奇特罕见的动物可能是从上前寒武纪携带来的，但是不可能是中古生代带来的。这些生物是如此奇特以至于无法将它们分类到现有的分类学组中。

这些动物复杂得不可思议，具有专门的适应性来生活在多种不同环境中。某些种类看起来像生存下来的埃迪卡拉动物群，而埃迪卡拉动物群的大部分在临近前寒武纪结束时走向灭绝。实际上，寒武纪大爆发可能部分是由于埃迪卡拉物种的消失为其他生物提供了生存空间而引发的。布尔吉斯页岩动物群包括20多种不同的身体构造。一种被称作皮卡虫的类似水蛭的动物（图54）脊索动物门是最早被知道的成员，也是布尔吉斯页岩层中最罕见的化石之一，而布尔吉斯页岩层中包含有保存最好的寒武纪动物群化石。皮卡虫身体中被称作是脊索的僵直背杆，是由沿着后背的软骨构成的，用来支持器官和肌肉，是以后脊椎动物中脊柱的前身。

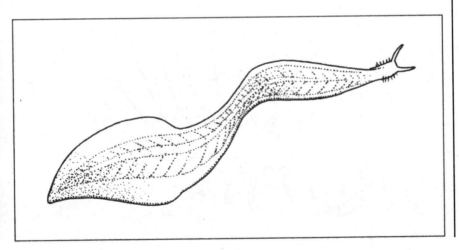

图54
皮卡虫是脊索动物门中最早被知道的成员

布尔吉斯页岩动物群起源于庞大的珊瑚礁浅水区域，这些区域之大即使澳大利亚大堡礁都黯然失色，是迄今为止所有生物建造的单个的最大块结构。古老的礁堡包围了劳伦西亚大陆——原始的北美大陆，并且被泥浆所覆盖，而泥浆很容易将生物捕获并且形成化石。大多数产地起源于北美西部的科迪勒拉山系——一座在中寒武纪面对开放海洋的远古山系。类似的动物群也存在于其他克拉通稳定地块，包括北部和南部的中国板块、澳大利亚和东欧平台等地。它们在其他大陆的广泛分布说明许多成员有在水中生存的能力。

怪诞虫（图55）是一种罕见的、名符其实的动物，之所以名"怪诞"，是因为它奇特的状貌——蠕虫一样的、通过貌似七对尖尖的高跷式的东西推动自己沿着海底行进。但是，一种更现代的解释是，它们身上横跨背部的两行骨刺是用来起保护作用的。在布尔吉斯页岩动物中，还有一种奇特的多刺动物是威瓦亚虫，长约一英寸(约2.5厘米)，有可能与现代的被称作是鳞沙蚕的鳞沙蚕类有关。它外形类似海底豪猪，有巨大的鳞片和两行沿着背部的明显用来防御肉食动物攻击的刺。它利用类似角状牙齿舌头的挫一样的器官从海底刮取食物碎片。

奥托亚虫是一种奇特的蠕虫，有巨大的眼睛和突出的鳍，它是一种矮胖的穴居食肉类蠕虫，人们曾发现它们的内脏里仍然有有壳动物遗存。当它从底部泥浆中伸出时，奥托亚虫伸展出自己的肌肉型的带有牙齿的嘴巴，整个地吞下猎物。还有一种被称作是欧巴宾海蝎的古怪动物（图56），横跨头部排

图55
布尔吉斯页岩动物群的怪诞虫是保存在化石记录里的最奇怪的动物之一

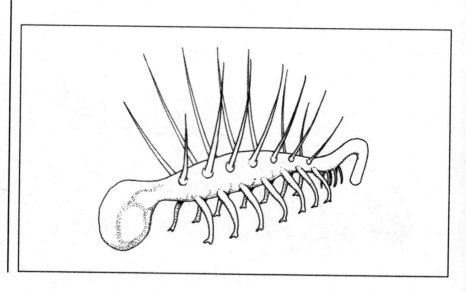

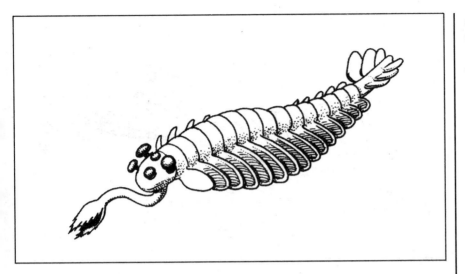

图56
欧巴宾海蝎有用来捕
食猎物的向前突出的
抓取器官

列着五只眼睛,长着一条帮助它指引路线沿着海底前进的垂直尾鳍和一个向前突出的可能是用来捕食猎物的抓取器官。它的长而像水管一样的前附属器官使它仿佛是一件"游泳真空清洁器"。

　　大约一半的布尔吉斯页岩动物群是由节肢动物组成的,大约有20种不同的已灭绝的节肢动物在化石中保存了下来。其中一种巨大的节肢动物有3英尺(约0.9米)长。因为有不同寻常的外形,埃西亚虫是所有布尔吉斯页岩节肢动物中最有趣的动物,它们是一种身体矮胖、肢体短而粗硬的动物。另一种不同寻常的节肢动物被称作是异虾(anomalocaris)(图57),名字的意思是"古怪的虾",有可能是寒武纪食肉动物中最大个的,同时也是化石记录中已知最古老的大型食肉动物。这种最早期的庞然大物长达6英尺(约1.8米),嘴部被位于身体下侧的锥形片状物所包围。它们的嘴里有8组呈同心圆环分布的牙齿,牙齿可长达10英寸(约25厘米)。

　　异虾通过升高和降低自己身体侧面的一组副翼来推动自己前进,它们以一种类似现代蝠鲼的方式游泳。它还有宽大的尾巴以及一对长的摆尾脊骨用来控制方向和保持平衡稳定。它的身体侧面有一对连接的附属器官——带披甲的板,明显是用来抓取和挤压无脊椎动物用的。这种动物看起来很善于吞食甲壳类动物,因而被恰当地称为"三叶虫的噩梦"。许多三叶虫化石被发现在侧面有被咬过的环形块,表示它们曾经以某种方式逃脱了异虾可怕的攻击。有几种三叶虫物种发育进化出了长的脊骨,有可能是用来保护免受异虾的袭击的。

图57
异虾是捕食三叶虫的
凶猛的食肉动物

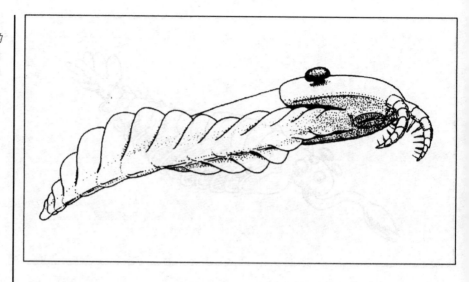

大多数布尔吉斯页岩物种在寒武纪末期突然走向灭绝。尽管从那时起，海洋类生物的许多大规模的灭绝和增殖都曾经发生过，但是在过去的5亿年间并没有完全新的体形出现。在后寒武纪走向灭绝后，只有少数古老的形体生存到了中泥盆纪。如果它们繁衍至今，现在的地球将可能会呈现出完全不同的生物类型组合而更加丰富多彩。

冈瓦纳大陆

在临近前寒武纪末期时，所有的大陆聚拢之后形成了超大陆罗迪尼亚（Rodinia）。大陆碰撞导致了对生命进化有深远影响的环境变化。阻止物种迁移到世界上不同地方的广阔海洋或者极端温度变化在当时都不存在了。在6.3亿年前到5.6亿年前间，超大陆分裂之后形成的四个或者五个大陆迅速各自漂移分开。大多数大陆挤到了赤道附近，这也许是温暖寒武纪海洋存在的原因。大陆分裂使得海洋水平面升高，在寒武纪开始时淹没了大部分陆地。延伸的海岸线有可能促进了新物种的爆发，寒武纪时的生物门类是之前或者之后的生物门类的两倍。

当时存在的许多实验型动物比地球历史上的其他任何时期都多，现代生物中没有它们的相应对应物。其中的一个例子是螺海参（helicoplacus）（图58），其身体部分的配置方式在现存的任何生物中都找不到。它长约2英寸(约5厘米)，形状类似纺锤上覆盖着装甲盘的螺旋系统。这种生物出现于从前寒武纪到寒武纪的转变时期，当时更多形式的身体类型正以超过随后任何时期进化速度的方式出现。和早期寒武纪时的大多数物种一样，螺海参没有留下任何现存的后代。在约5.1亿年前，也就是它首次出现后的短短2,000万年后开始灭绝。

在寒武纪时，大陆运动将现在的南美大陆、非洲大陆、印度大陆、澳洲大陆和南极洲大陆组合为冈瓦纳大陆（Gondwana）（图59），这是以印度中东部的一个地质区域而命名的。冈瓦纳大陆存在的证据包括在不同地质地区上存在着从后前寒武纪到早寒武纪的相似岩石类型。上述证据显示出巴西和西非间的相似性；南美东部、南非、西南极洲和东澳大利亚之间的相似性；东非、印度、东南极洲和西澳大利亚之间的相似性。南美、澳大利亚、和南极洲的太平洋边缘从寒武纪开始前就逐渐形成的。

东南极洲是古老的前寒武纪屏障，位于澳洲、印度和非洲的南面。一次重大的山脉建造事件使得所有前冈瓦纳大陆间的地区都发生了变形，表明了这期间它们之间发生的碰撞。横贯南极山系（Transantarctic）是在较大的东南极洲和地质上较为年轻的西南极洲碰撞时形成，由被从洋底清除的火山岛弧构成。

大部分的冈瓦纳大陆位于从寒武纪到志留纪期间的南部极地区域。现在的澳洲大陆曾经是冈瓦纳大陆的北部边缘，位于南极圈内。约5亿年前，临近寒武纪末期时，一次在北美大陆和冈瓦纳大陆间发生的碰撞形成了延伸到西南美洲的最初的阿帕拉契亚山脉，阿帕拉契亚山脉远在安第斯山脉形成前就已经形成。随后，北美大陆从冈瓦纳大陆中分离出去，并在约4亿年前与

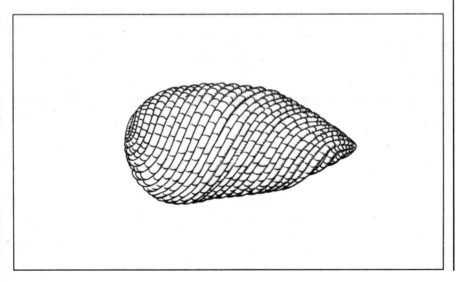

图58
螺海参是一种其身体部分排列的方式在任何现存的生物中都找不到的实验型物种，在生存了2,000万年后于距今约5.1亿年前灭绝

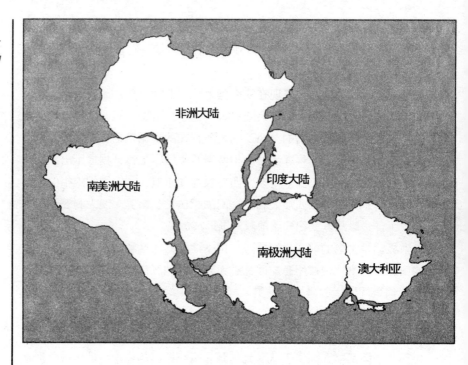

格陵兰岛和欧亚大陆相连形成了劳亚大陆。作为最大的现代大陆，欧亚大陆由约12个独立的大陆板块在古生代末期时结合形成。

在南极洲的横贯南极山脉发现了一种被称作是水龙兽的类哺乳爬行动物的化石，这是有关冈瓦纳大陆存在的非常有力的证据。上述发现表明了南极洲区域与南非和印度间的共同性，而南非和印度是水龙兽化石另外已知仅有的发源地。南极洲的一种南美有袋动物的化石表明南美南部顶端和澳洲间曾经存在陆地桥梁，是冈瓦纳大陆存在的又一证据。在南美东部和南非存在的一种被称作是中龙（mesosaurus）的爬行动物化石也为冈瓦纳大陆存在的说法提供了依据。

在讨论完寒武纪的生物之后，下一章将介绍奥陶纪时期的早期脊椎动物生物进化过程。

5

奥陶纪脊椎动物

脊椎生物时期

　　本章将要介绍早期的脊椎动物和奥陶纪时期的地质学。距今5亿年前到4.35亿年前的奥陶纪是因大不列颠的威尔士古老的奥陶（Ordovician）部落而得名的。在北半球的所有大陆、南美洲的安第斯山脉和澳大利亚都能够找到奥陶纪的海洋沉积物。但是，在南极洲、非洲和印度却没有这些沉积物。因为缺少易于化石化的陆地生物，奥陶纪陆地动物的沉淀物很难辨认。

　　在寒武纪早期爆炸式出现的大多数物种在温暖的奥陶纪海洋中大量发展（图60）。在奥陶纪，珊瑚虫开始建造大量的碳酸盐珊瑚礁。第一种鱼类在海洋中出现。无下颚浅水鱼类的存在说明包括红藻和绿藻在内的单细胞植物已经存在于陆地上的湖泊和溪流中。

图60
后奥陶纪的海洋植物群和动物群（蒙菲尔德自然历史博物馆允许）

无下颚的鱼类

距今约5.2亿年前，首批脊椎动物开始出现。它们有由骨头或者是软骨组成的内部骨架，这是生命最重大的进步之一。脊椎动物的骨架轻而强壮并且灵活，附有高效率的肌肉组织，其最大的优势是骨架会随着动物一起生长。相反，无脊椎动物为了生长必须脱落它们的外骨架，从而使得自身容易受到肉食动物的袭击。这种新型的内骨架使得自由游动的物种广泛扩散到不同环境中成为可能。

包括脊椎动物在内的最简单的脊索动物是一种被称作文昌鱼的动物，这是一种个头很小类似鱼的古怪动物。尽管这种动物没有真正的脊椎，但是仍然被列入到脊椎动物支系中。最早的脊椎动物没有下颚、身体任何一边都没有成对的鳍，也没有真正的椎骨，与现在的七鳃鳗有很多共同特征。脊椎动物的起源导致了头部的发展进化——后者是最重要的创造之一。头部被成对的感觉器官包裹着，有一个分成三个部分的复杂的大脑，还有许多其他无脊椎动物没有的特征。

传统的观点认为眼睛在远古的时候曾经单独进化过几次。但是，在果蝇、乌贼、小鼠和人类中发现了一个共同的基因，这说明眼睛可能在生命进化历史中只进化过一次。现代动物的复眼可能最初是从光敏感神经细胞进化而来的，最后发展为能够聚焦于诸如猎物等特定目标的专门化的器官。但是，只有小部分的主要动物群体有真正的眼睛，30个门类的动物中有6个门类拥有能够提供图像的复眼。然而，拥有眼睛是一种巨大的进化优势，目前地球上95%的动物物种都有复眼。

由外骨骼支持的无脊椎动物在活动性和生长方面都处于明显的劣势。诸如甲壳动物等许多动物在生长时需要脱落外壳，这样经常使得自身容易受到食肉动物的攻击。一种这样的食肉动物是已灭绝的被称作是广翅鲎的海洋蝎类（图61），生活在从奥陶纪到二叠纪期间。它可生长到6英尺(约2米)长，通过巨大的钳状物来威胁海洋底部的动物。

最早的脊椎动物可能是沿着背部有突出体的蠕虫状动物，背部的突出体被称作是脊索。脊索是一种沿着脊骨的神经系统，有一排排的肌肉附着在带状形式分布的脊柱上。由骨头或者表皮组成的坚硬结构可以起到杠杆的作用。通过使用灵活的关节，它们可以非常有效地将肌肉的收缩转化为有组织的动作，比如在水中快速侧面移动身体推动自己。之后，尾部和鳍不断发展进化以维持稳定。身体变得更具流线型，变成鱼雷形状以便具有更快的速度。在与静止的和行动缓慢的无脊椎动物间存在激烈竞争的情况下，灵活性

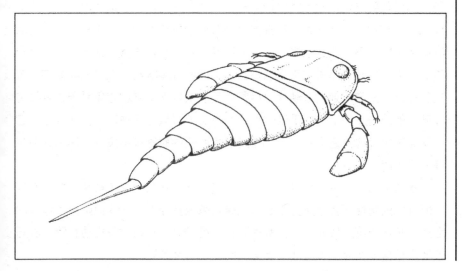

图61

已灭绝的广翅鲎可以生长到6英尺(约2米)长

图62
无颌类（agnathans）
无颚鱼是现在鱼类的
远古祖先

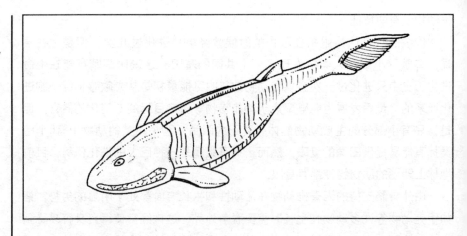

上的任何进步对脊椎动物来说都是有利的。

已知最古老的脊椎动物是被称作无颌类（agnathans）的原始无颚鱼（图62），最早出现于距今约4.7亿年前的早奥陶纪。在玻利维亚发现了这些鱼类的保存非常完好的遗迹，它们中的大多数在奥陶纪时被海洋淹没。最初，化石证据稀少并且不完整。对于这些鱼类的出现或者是有关它们的进化历史知之甚少。早些时候的描述将无颌类描述为无头无尾的鳞片和板组成的团状物，或者是将其头尾混淆，导致它们被不太确切的命名——“倒过来的化石”。

原始鱼类化石在全世界的广泛分布说明在奥陶纪之前就有很长时间的脊椎动物记录。第一种鱼类是没有下颚和牙齿的、小个的“泥浆挖掘工”和海鞘。无颚鱼类的现代对应物包括七鳃鳗和八目鳗类鱼，它们体内有与软骨类似的灵活杆状物，而在大多数脊椎动物对应的是典型的骨制脊柱。这些古老的鱼类可能还不太适应水中生活，会远离深水。它们通常都很小，大约是鲦鱼的大小，生长有厚重的用来保护圆形头部的骨鳞状物。身体的其余部分覆盖有截止到狭窄尾部的薄鳞片。尽管鳞片能很好保护自己避免受到无脊椎肉食动物的袭击，但增加的重量使得这些鱼类大多数生活在洋底。在洋底，它们从泥浆里过滤筛选食物颗粒，通过喉咙两侧的裂缝排出废物，后来这些裂缝变成了鳃。

逐渐地，原始鱼类获得了下颚和牙齿，骨鳞状物变成了鳞片，侧鳍在较下部身体的两侧发育以保持稳定，气鳔用来保持浮力。一些原始鱼类惊人的巨大，长达18英尺(约5.5)，宽达6英尺(约2米)。从而，脊椎动物第一次巧妙地推动自己在海洋中前进。鱼类很快变成了深海的主人。

动物群和植物群

　　珊瑚虫是附着在海洋底部的海洋腔肠动物（图63）。它们在奥陶纪开始建造广阔的碳酸盐珊瑚礁，建成了海岛链，并且改变了大陆的海岸线。建造珊瑚礁的珊瑚虫创建了壮观的水下大厦的基础，这些大厦现在占据约75万平方英里（约195万平方千米）的面积，是约1／4的全部海洋物种的栖息地。在发育出石灰化的骨架前，珊瑚虫分为两个基本的谱系，说明它们可能曾经在地质历史上分两次进化发育出建造珊瑚礁的能力。当珊瑚虫栖息的海洋回退后，许多珊瑚虫在后古生代衰落，被海绵动物和藻类所代替。

　　苔藓虫（图64）通常被称作苔藓动物，是类似珊瑚虫而比例较小的动物。但实际上，它们与腕足动物关系更密切。它们包括从以小群落生活的用显微镜可见的个体直至几英寸长的个体，使得海洋底部看起来有苔藓类的外表。苔藓虫是伸缩自如的动物，包在石灰质的类似瓶子的结构中，当受到威胁时它们可以退回以保安全。有生命的物种占据着海洋不同的深度，不过只有某些很少部分的成员能适应浅水中的生活。

　　单个自由移动的苔藓虫幼虫会通过将自己固定到坚固物体上的方式建立一个新的群落，通过芽殖过程成长为许多个体——芽殖是分枝生产的过程。水螅有一圈带纤毛的触须，形成了一个围绕着嘴部的网络，用来过滤水里游

图63
马绍尔群岛，塞班岛上的珊瑚虫沉积（照片提供：P.E. 克劳德，承蒙美国地质勘探局USGS允许）

图64
*已灭绝的苔藓虫曾经
是主要的古生代暗礁
建造者*

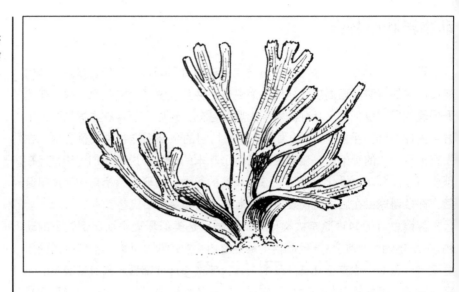

过的微小食物。触须有节奏地前后运动，可以产生帮助捕捉食物的水流，食物在U型的肠道中被消化掉，废物在嘴下方被排出触须外。

苔藓虫化石在古生代地层中很常见，尤其是在美国中西部和落基山脉的地层中。苔藓虫物种是通过它们骨架的复杂结构而被识别鉴定出来的，这样有助于描述明确的地质时期。在从奥陶纪到现今的时间内，苔藓虫保持着非常多的数量。它们的化石对进行岩石间的关联是非常有用的。由于尺寸小，苔藓虫化石是用来测定油井开凿日期的理想微体化石。

苔藓虫化石通常发现于沉积岩石中，尤其是当岩石覆盖有草垫表面的时候。它们与自己的现在的后代很相似，某些较大的群体很可能参与了古生代暗礁建造，参与形成了广阔的石灰石地层。它们的化石在石灰石中最为丰富，在页岩和砂岩中次之。通常，在水生动物的化石外壳、石头或其他坚硬体的外面会发现有精细的苔藓虫外形。

对地质学家来说尤为重要的是介形亚纲动物，或叫做是介形虫（mussel shrimp），它们的化石对关联奥陶纪以前的化石是很有用的。海星也是常见的动物，在美国中部和东部的奥陶纪岩石中也留下有化石。它们的骨架包括没有严格连接的极微小的硅酸盐或者是方解石板状物，因而当动物死去的时候通常会分裂为小块，使得完整的海星化石比较罕见。海参具有进化为触须的大的管脚，以及有时能在化石中发现的带有孤立的板状物的骨架。

在4.4亿年前，当奥陶纪临近结束时，一次大规模灭绝消灭了约100个家族的海洋动物。随着气候变冷，冰川作用达到了顶峰。大冰原以北美为中心向外辐射，一直扩展到了南极。冰川作用的大多数受害者是对环境波动敏感的热带物种。灭绝动物中有许多是三叶虫物种。在灭绝发生前，三叶虫占到了所有物种的约2/3，但灭绝之后只占到了1/3。野山羊（Ibex）动物群是一种占统治性地位的三叶虫群体，在奥陶纪末期的大规模灭绝中全部消失，很可能是蔓延的冰川作用造成的。野山羊动物群随后被白石（Whiterock）动物群取代，白石动物群将自身的种类扩大了3倍，安然无恙地度过了灭绝期。

笔石（图65）是类似漂浮茎和叶组成的团块的杯状动物群落。笔石的某些群体在奥陶纪末期走向了灭绝。笔石被认为是在约3亿年前的后石炭纪经历了全面的灭绝。但是，现存的羽鳃类（pterobranch）的发现说明有可能还存在着笔石的活化石，因为羽鳃类有可能是笔石的现代对应物。

距今约4.5亿年前临近奥陶纪末期时，随着大气中氧气的浓度不断升高在上平流层产生了足够多的臭氧，保护地球不再受到来自太阳的毁灭性紫外线照射。这样，植物开始首次登陆上岸并且在陆地上繁殖。当早期植物首次离开海洋和湖泊而在干燥的陆地上居住时，它们遇到的是非常严酷的环境。紫外线辐射、沙漠环境和营养缺乏都使得生存非常困难。最先接受陆地植物的是土壤细菌，它们能够把沉积物搅拌为块状的棕色小土堆。这些细菌的存在加速了风化过程，没有这些细菌，热而光秃的岩石将会覆盖大部分陆地，陆地植物将几乎没有生根发芽的机会。

以前被称作蓝绿藻的蓝藻，可能曾经早在30亿年前就一直在准备进入陆地上的土壤。古老蓝藻对高水平紫外线辐射有抵抗力，最初生活在较浅的潮水池中，最终从潮水池来到大陆上。为了离开水域生存它们可能曾经通过降低大气中二氧化碳的浓度来改进陆地气候，这样抵消了温室效应，保障热量不会逃离地球。土壤细胞通过共同结合到沉积物颗粒上和吸收雨水来帮助抵抗腐蚀。细菌也为早期陆地植物提供了营养成分。

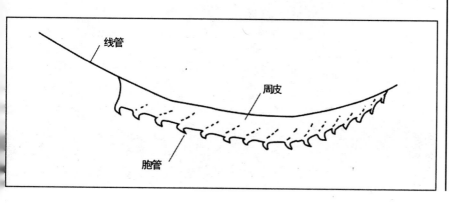

奥陶纪时期的植物化石看起来几乎全部是由与在海岸和池塘底部发现的现在藻群类似的藻类组成的（图66）。某些海洋藻生活在潮间带地区，能够承受短时间离开海洋而带来的脱水危险。即使是已经发展出保护性方法可以帮助生物体在离开水域后生存较长的时间，生物仍然要依靠海洋来繁殖。

地衣是藻类和真菌类的共生关系——二者相互依赖生存。地衣很可能采取了试验性的步骤登陆了干燥的土地。在地衣之后登陆陆地的是苔藓和地钱。在刚开始进化时，真菌类也与植物的根部有共生关系，它们可以帮助

植物吸收养分，同时吸收植物的碳水化合物作为回报。细菌在固氮中也有重要的作用，氮气是丰富的土壤气体，是植物生长的重要营养成分。在氮循环中，除氮细菌将溶解的硝酸盐转化为氮气。不然，大气中的所有氮气将在很早以前就消失了。

奥陶纪冰河时期

早寒武纪时快速进化的物种在温暖的奥陶纪海洋里迅猛发展。造成海水温暖的原因主要是当时大气中二氧化碳的含量是现在含量的16倍之多，即使当时的太阳比现在昏暗4%，如此高浓度的二氧化碳足以将气候加热到热带水平。当时的全球平均气温是18摄氏度，约比现在高8摄氏度。需要温暖水域的珊瑚虫开始建造广阔的碳酸盐珊瑚礁。此外，首批鱼类开始在海洋中出现。大陆上浅水无颚鱼类的出现说明在湖泊和溪流中已经有了红藻和绿藻。

在约4.5亿年前的后奥陶纪，植物开始涌入陆地，并扩展到世界所有角落。早期陆地植物吸收了大气中大量的二氧化碳。缺氧条件下的快速埋藏将有机碳沉积为地质柱，有机碳被转变为煤。通过从岩石中过滤矿物质，植物也辅助了风化过程。例如，由寒武纪以前有壳生物沉积的石灰石在内的碳酸盐岩石（图67）中固定了大量的二氧化碳。

大气中大量二氧化碳的减少削弱了温室效应。温室效应的大部分原因是由于植物侵占而引发了气候变冷，在距今约4.4亿年前的奥陶纪末期形成了一次严重的冰河时期。当时，冈瓦纳大陆的北部边缘刚刚在南极上，一个大冰原从那里增长到今天南极洲的80%大小。后奥陶纪时的冰川作用与3.3亿年前的中石炭纪和2.9亿年前的后石炭纪的冰川纪元有可能是受到大气中二氧化碳减少到现在水平的约1/4的影响而造成的。

研究大气的科学家曾经收集全球地球化学信息来调查大气中二氧化碳浓度发生如此巨大变化的原因。来自深海中心的数据显示二氧化碳发生变化的时间早于与现在更相近的冰川时期变化的时间，说明较早期的冰川纪元有可能曾经受到相似的二氧化碳因素的影响。二氧化碳水平的变化可能不是冰河作用的唯一起因。但是，当与诸如地球轨道运动或者是太阳辐射降低等的其他过程相结合时，二氧化碳水平的变化可能会形成强有力的影响。

大陆运动也有可能是后奥陶纪时期冰川作用的原因。世界上许多地方岩石中的磁性方向显示，在地球历史的不同时期，大陆的位置都是与磁极相关的。但是对非洲的古地磁研究显示出非常奇特的调查结果。研究结果将奥陶

纪时的南非直接放置在南极，而正是南极导致了世界范围的冰川作用。

有关如此大范围冰川作用的其他证据来自另一个令人惊讶的地点——撒哈拉沙漠的中心。在上述地区探测石油的地质学家偶然发现了下面地层被冰川切割为一系列巨大的凹槽。当大冰原前后移动时，嵌在冰川底部的岩石刮拭陆地。其他相关的证据表明厚重的冰原曾经覆盖着撒哈拉沙漠，这其中包括移动的冰块和冰丘上形成的不稳定的冰砾，而冰砾是由冰川冰水沉积流形成的蜿蜒曲折的沙砾沉积。

从寒武纪到奥陶纪的一次主要的山脉建造事件破坏了组成南部超级大陆冈瓦纳的所有大陆间的区域，表明了这段时间里这些大陆间发生过碰撞。中古生代蕨类植物舌羊齿（Glossopteris）（图68）以希腊语而命名，意为"羽毛般的"，在南部大陆和印度煤床中都曾经发现它们那像羽毛的叶子印痕化石。但是这种植物在北部大陆却不存在，非常令人不解。这说明当时存在两个大的大陆，一个位于南半球，另一个位于北半球，中间被巨大的外海分隔开。加拿大、苏格兰和挪威的山脉间的相匹配表明它们在当时组成了北部的超级大陆劳亚大陆。

在奥陶纪末期，冰川作用达到了顶峰。大冰原以北非为中心向外辐射。大约4.3亿年前，大部分的大冰原消失了。随着冈瓦纳大陆继续向南漂移，大冰原就变得越来越小。当大陆中心接近南极时，内陆的冬天变得更

图68
舌羊齿叶子化石支持
大陆漂移学说

加寒冷。但是夏天时，陆地却变得相当温暖，可以融化凝结的冰。同时，在冈瓦纳大陆南部的冰川化边缘向北运动到较温暖的海洋，不久后，这些冰川消失了。

伊阿佩托斯海洋

在后前寒武纪和早寒武纪期间，被称作伊阿佩托斯的原大西洋海洋在分开的大陆间扩展，形成了广阔的寒武纪内陆海洋。洪水淹没了周围大部分的被称作劳伦西亚的古老北美大陆和被称作波罗地（Baltica）的古老欧洲大陆。伊阿佩托斯海洋的大小与北大西洋相似，在约5亿年前占据了大致同样的位置（图69）。在约5.7亿年前到4.8亿年前的从佐治亚州到纽芬兰的连续海岸线说明这个古老的海岸曾经面对着宽阔的深海。

伊阿佩托斯海洋从东到西延伸至少1，000英里（约1，600千米），向南与一个更大的水域接连着。海洋上散布着星星点点的火山岛，类似现在东南亚和澳大利亚间的太平洋。约4.6亿年前，从寒武纪到中奥陶纪时的这个古老海洋近海岸环境的浅水区中有众多的无脊椎动物，这些动物中包括当时占所有物种约70%的三叶虫。最后，三叶虫消失了，而软体动物和其他无脊椎动物扩展到遍及海洋各处。

在奥陶纪，当波罗地大陆接近劳伦西亚大陆时，伊阿佩托斯这个古老海洋的消失标志着劳亚大陆的形成。当海洋侧面的大陆发生碰撞时，在伊阿佩托斯海洋结束后随之而来的是大规模的山脉建造运动，在欧洲北部和北美推起了一系列山脉，包括那些发展进化为阿巴拉契亚山脉的山系。大批的山脉

图69
约5亿年前，大陆包围
着名为伊阿佩托斯的
古老海洋。

建造可能曾经引发了一次物种多样性爆发。规模最大的爆发是约4.5亿年前
的奥陶纪海洋物种辐射扩展运动。

从附近山脉来的被侵蚀的厚沉积块填充到了海角盆地。从山脉来的侵蚀
沉积物可能曾经将营养物质送入海洋中，为海洋浮游生物的繁荣提供养料，
从而为更高等的生物增加了食物供给。软体动物、腕足动物和三叶虫（图
70）类的数目急剧增加，因为具有丰富食物供给的生物体更容易繁荣生长并
且多样化发展为不同的物种。

当两个大陆相撞时，位于两个相撞大陆间的弧形列岛被铲起，紧贴在两
个大陆相撞的大陆边缘。承载岛屿的海洋外壳板块在一种已知为潜没的过程
中潜入到了波罗地大陆的下部。潜没过程将岛屿运送到与大陆碰撞的位置，
将先前被淹没的岩石沉积到现在的挪威西海岸。位于欧洲西部的被称作岩层
的片状陆地从古老的非洲迁移到了伊阿佩托斯海洋。通过同样的方式，亚洲
的长条地壳越过被称作是泛大洋的古老太平洋，形成了北美西部大部分的地

区，泛大洋在希腊语中意为"世界的海洋"。

在约5亿年前，阿拉斯加狭长土地的大部分——已知的亚历山大岩层（Alexander Terrane）作为澳洲东部的一部分已经开始存在。约3.75亿年前，这部分土地从澳洲分离出来，穿过原太平洋，在秘鲁海岸短暂停留后，滑过加利福尼亚州，在约1亿年前撞入到北美大陆上。整个阿拉斯加州是曾经的古老海洋地壳块的岩层集合。在布鲁克斯山脉（Brooks Range）可以很好地看到岩层（图71），这个山脉组成了阿拉斯加北部中心脊柱的主要的东西走向山脉带。附着在北美边缘的玄武岩海山曾横穿通过某个海洋的一半路程，

图70
加利福尼亚州的印宇郡死亡谷国立纪念公园的步径峡谷的博南扎金地层中的腕足动物和三叶虫的化石（照片提供：C.B.亨特，承蒙美国地质勘探局USGS允许）

图71
北阿拉斯加州的阿纳克图沃克区布鲁克斯山脉上险峻倾斜的古生代岩石（照片提供：J.C. 里德，承蒙美国海军和地质勘探局USGS允许）

这个海洋在太平洋之前就已经存在。

  岩层（图72）是以断层为界的石块。它们的规模从小的地壳碎片到次大陆之间不等，地质历史与相邻石块及毗邻大陆块的历史非常不同。岩层通常以断层为界，与它们周围的地质环境明显不同。两个或者多个岩层间的边界被称作缝合带。岩层的组成通常与海洋岛屿或者是高原类似。其他部分是由卵石、沙子和淤泥组成的聚合物，淤泥是在相互碰撞的地壳碎片中的海洋盆地上聚集形成的。

  有10亿年历史的岩层是通过分析残留的化石放射虫（图73）来测定年代的。放射虫是一种生活在深水中的、在距今约5亿年到1.6亿年前时数量众多的海洋原生动物。不同的物种同样对起源于岩层的海洋中的特殊区域给予了界定。许多岩层在最终黏附到一个大陆边缘前曾经移动了很长的距离。一些北美岩层的起源地在西太平洋，曾经转移了上千英里移动到东部。

  从寒武纪到古生代末期，北美西部边缘的终点在临近现在盐湖城的位置。过去的2亿多年间，北美在一次重大的地壳生长变化中扩展了超过

25%。北美西部的许多部分是由海洋弧形岛和地壳碎片组合成的，这些地壳碎片是在超大陆泛古陆（Pangaea）破裂后当北美板块向西前进时从太平洋板块中分离出来的。

岩层有多种多样的形状和不同的大小，范围从小的长条到诸如印度这样本身就是单个大岩层的亚大陆。大多数岩层是修长的，当与大陆相撞时会发生变形。在海洋板块上生成的岩层在碰撞前会保持各自的形状，并且附着在大陆上。之后它们会受到地壳运动的影响，地壳运动会改变岩层的各个方面。当印度板块抬起喜马拉雅山时，由于持续压挤的板块正在对南亚施加压力，中国的岩层汇集在东西方向上被拉长和移动。

麻粒岩岩层是在大陆缝隙较深部分形成的高温变形地带。它们也包含由大陆碰撞形成的山麓地带，例如阿尔卑斯山和喜马拉雅山。喜马拉雅山北部是蛇纹石地带，标志着缝合的大陆边界。岩层边界通常以蛇纹石地带为标记，而蛇纹石地带是由沉积岩石、枕形玄武岩、片状石坝混合物、辉长岩和橄榄岩组成的。

在沿着会合大陆边缘的山脉的形成中，岩层也发挥着重要的作用。例如，安第斯山脉似乎是被沿着南美大陆边缘的海洋高原的附着抬起的。由于存在一系列北西走向的断层引起的地壳分层，沿着北美西部的山系的岩层呈现为修长的形状。其中的一个例子就是加利福尼亚州的圣安地列斯断层（San Andres Fault），在过去的2,500万年间曾经经历了约200英里（约320千米）的

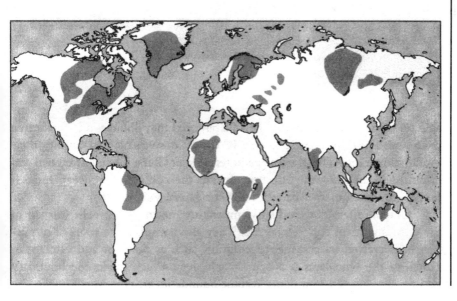

图72
有20亿年历史的岩层分布

93

位移。

　　约5亿年前，北美曾经是迷失的大陆。南美、非洲、澳洲、南极洲和印度曾经联合为超大陆冈瓦纳。但是，北美和少数小型的大陆碎片以自己的方式自由漂移。当时，北美位于南美西部海岸几千英里远，在冈瓦纳大陆的西侧。约7.5亿年前，北美位于更早些的被称作是罗迪尼亚的超级大陆中心，当时澳洲和南极洲位于北美大陆西海岸的边缘。

　　奥陶纪开始时，北美和南美明显相互毗邻（图74），现在的华盛顿特区运动到接近秘鲁利马的地方。阿根廷的石灰石地层包含有截然不同的三

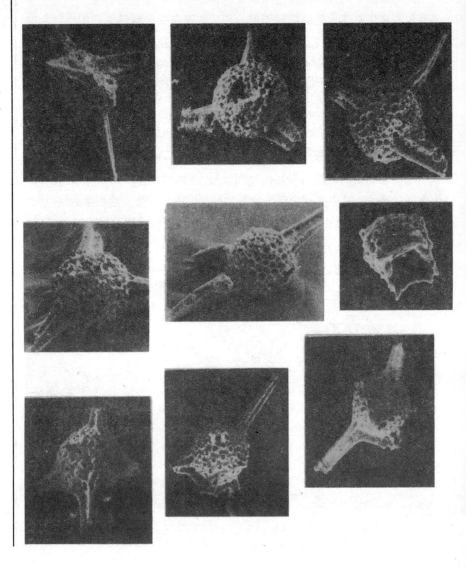

图73
阿拉斯加的育空地区坎迪克盆地上泥盆纪的放射虫（照片提供：D.L. 琼斯，承蒙美国地质勘探局USGS允许）

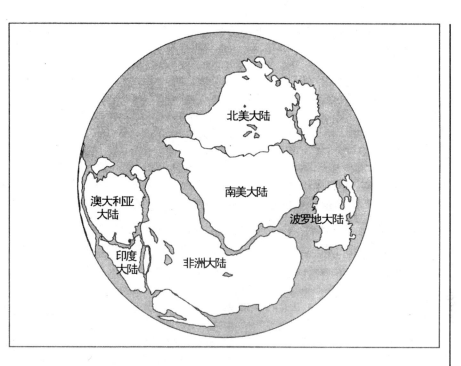

图74
在奥陶纪早期，北美
（顶部）和南美（中
心）毗邻

叶虫物种，这些物种是北美的典型物种，但却不是南美的典型物种。化石
证据说明两个大陆在约4.5亿年前发生过相撞，形成了沿着北美东部和南美
西部分布的古老的阿帕拉契山脉，时间远早于现在的安第斯山脉的形成时
间。之后，大陆断裂分开，将包含有三叶虫动物群的一块陆地从北美转移
到了南美。

古苏格兰造山运动

约4亿年前的志留纪末期，劳伦西亚大陆接近了波罗地大陆，它们封锁
了伊阿佩托斯海洋，这发生在现代大西洋开始打开前的约2亿年前。当大陆
发生碰撞时，地壳被挤压，在碰撞的地方迫使山脉上升。连接大陆的结缝被
保存下来成为造山带，造山带是古老山脉的侵蚀中心。古生代大陆碰撞将数
量巨大的岩石抬升为遍布世界的几个褶皱山脉。从寒武纪到中奥陶纪的一次
重大造山事件改变了包括组成冈瓦纳大陆的所有大陆间的地区，说明了这期
间它们间发生过激烈的碰撞。

南美、非洲、南极洲、澳洲和印度间存在着互相匹配的地区。南非的
开普山脉（Cape Mountains）与阿根廷的布宜诺斯艾利斯的西勒山脉（Sierra

Mountains）相对应。加拿大、苏格兰和挪威间也存在着匹配性。在这段时间，冈瓦纳大陆的大部分位于南极区域，南极的冰川扩展到了大陆，导致了奥陶纪冰川时期的发生。

从中奥陶纪到泥盆纪，当劳伦西亚大陆接近波罗地大陆时，伊阿佩托斯海洋的消失导致了伟大的古苏格兰造山运动（图75），或者是山脉建造事件。这次造山运动形成了从威尔士南部开始延伸并横跨苏格兰、经过斯堪的纳维亚和格陵兰，甚至可能还包括今天的非洲最西北部的山脉带。在北美，这次造山运动造就了从阿拉巴马直到纽芬兰并且到达远至威斯康星和爱荷华的一个山脉带。佛蒙特州仍然保存有这些古老山脉的根部，这些山脉在约4.7亿年前到4亿年前被挤撞上升，但是自此之后就被侵蚀刨掉了。

中奥陶纪的塔康（Taconian）造山运动是以纽约州东部的塔科尼克岭（Taconic Range）命名的，这次造山运动在一系列从纽芬兰通过加拿大的海洋省份和新英格兰并向南到达远至阿拉巴马的褶皱山脉中达到顶峰并结束。在这次塔康局部运动中，大量的火山运动发生在魁北克和纽芬兰以及从阿拉巴马到纽约之间的地区，并且扩展到远至威斯康星和爱荷华。

奥陶纪中期时，内陆海洋淹没了大陆，并在后奥陶纪时达到顶峰。由于有来自塔康山脉带的大量被侵蚀的沉积物，部分内陆海洋撤退了。这些

图75
阴影区域显示的是在英国、斯堪的纳维亚、格陵兰和北美的古苏格兰造山运动

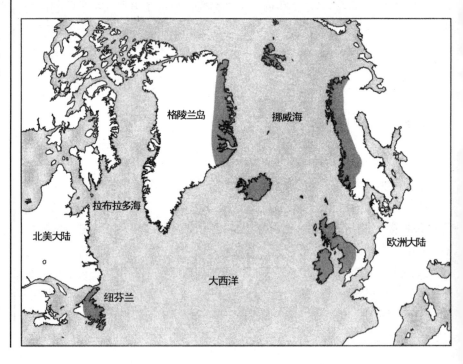

沉积物的沉淀之一就是美国中部广泛分布的奥陶纪圣彼得砂岩（St. Peter Sandstone）。砂岩是由分类清楚的近乎纯净的石英海滩沙石组成的，是制造玻璃的理想材料。

在讨论过奥陶纪的生物和地质学后，下一章将看到在志留纪时离开海洋并在干燥的陆地定居的首批生物。

6

志留纪植物

陆地植物时期

本章将要介绍志留纪时期的植物和地质学。从4.4亿年前到4亿年前的志留纪是以在英国威尔士古老的凯尔特部落的志留人而命名。现在的许多山脉是被中古生代的大陆碰撞抬起的。志留纪时，北美大陆和欧亚大陆间的碰撞产生了封锁伊阿佩托斯海洋的劳亚大陆。碰撞形成了围绕着古老海洋的大陆边缘上的山脉和严重折叠的岩石（图76）。

珊瑚虫在志留纪时期建造了广泛分布的珊瑚礁，表明了当时的温暖浅海洋几乎都没有温度变化。板状珊瑚虫是珊瑚礁建造者中的另一重要群体，它们都有紧密压缩的方解石〝杯〞或囊结构，后者常呈多边形或圆形。多皱的

图76
接近上志留纪开始时，在汉考克，华盛顿县和马里兰附近的褶皱砂岩和页岩（照片提供：C.D. walcott，承蒙美国地质勘探局USGS允许）

或有角的珊瑚虫是以其典型的角状形状而得名的，这种珊瑚虫在志留纪时非常旺盛。它们是后古生代的主要珊瑚礁建造者，最终在早三叠纪时走向灭绝。较高等的陆地植物在以前曾是不毛之地的大陆成功定居下来。最终，生物爬出了给它们提供食物的海洋。

海藻时期

与动物类似，复杂生物形式的植物也没有出现在前寒武纪后期或者是寒武纪早期之前的化石记录中。当植物和动物共享许多共同的性质时，以往模糊的化石记录就有些分不清楚植物和动物间的区别。从低等级别的简单藻类开始，单细胞植物可能因为与单细胞动物群居相类似原因——例如相互支持、劳动分工和保护等——而以群落生活。但是，在寒武纪前的化石记录中

并没有复杂的海洋植物，寒武纪之后，复杂的海洋植物开始迅速进化。

尽管寒武纪曾被认为是"海藻的时期"，但是地质记录并没有强有力的化石证据能够支持这种论点。在前寒武纪后期和寒武纪的沉积物中发现的保存良好的多细胞藻类和多种化石孢子表明了复杂海洋植物的存在。但是，没有再发现其他重要的残余物。即使晚至奥陶纪时期，植物化石也几乎全部是由藻类组成的，这些藻类可能形成了与现在海岸上存在的叠层石堆和藻丛类似的结构（图77）。

早期的海藻是柔软并且不稳定的。通常这些藻类不能很好地成为化石。其中一种海藻植物生长时会一半浸没在入海口和河流中。但是对真正以海岸为界的植物来讲，它们必须彻底离开水进行繁殖。首批陆地植物通过孢子液囊具有了这种不需要水就可繁殖的功能。孢子液囊连接在管单分枝的末端，当孢子成熟时，就会被抛掷到空气中，由风运送到可以生长为新植物的合适地方。

首批复杂植物生活在刚刚低于表面的浅水中的原因可能是对高水平太阳紫外线辐射的一种反应。当大气中氧气的浓度升高到接近现在的水平时，上平流层的臭氧层过滤了具有毁灭性影响的紫外线，使得生命在地球表面繁荣成为可能。在植物爬行上岸后不久，茂盛的森林就在陆地上蔓延开来。

在真正的陆地植物上岸前，可进行光合作用的黏稠的蓝藻或蓝绿藻的覆盖层可能已经居住在陆地上。藻类覆盖层加速了岩石的风化，并且加速了高等植物生命所需的土壤和营养成分的形成。在陆地植物出现以前，微生物土壤正在使地球变得更有利于离开水域的生命生长。微生物可能形成了黑色的多丘陵土壤，这种土壤类似在地形上波浪起伏的棕色突起。通过这种方式，经过约5亿年时间简单植物为更高等的植物铺好了道路，做好了准备。

在陆地微生物出现以前，大陆太热，不利于复杂生命的生长。早期生物在通过降低大气中过剩的二氧化碳并将其用于光合作用从而冷却陆地表面的过程中发挥了重要的作用。二氧化碳这种可引起强烈温室效应的气体浓度的下降冷却了气候，使得较高级的生命形式在大陆居住繁殖成为可能。微生物在将岩石风化为土壤方面也起到了协助作用，帮助防止了土壤侵蚀，并且为更加高等植物的生存提供了所需的营养成分。

首批陆地植物包括藻类和类海藻植物。它们生活在刚刚低于海洋表面的潮间带区域的浅水区（图78）。原始形式地衣和苔藓生活在暴露的表面。在它们之后登陆的是被称作裸蕨植物或者松叶蕨的微小类蕨类植物，它们是树木的祖先。这些植物属于上岸生活的首批植物。这些简单的植物生活在半淹没的潮间带区域，没有根部系统和叶子，通过将孢子投入到海洋中来传播繁殖。最复杂的陆地植物在高度上低于1英寸（约2.5厘米），类似户外覆盖着陆地的地毯。

在志留纪后期以前，所有主要的植物门类都已经存在。除了简单的藻类和细菌，早期的陆地植物分为两个主要的群体。包括苔藓和地钱在内的苔藓类植物是首个在陆地上完全定居的植物门类。它们有茎干和简单的叶子。但是它们没有真正的根或维管组织来将水分运送到更高的末端，因而必须生活在潮湿的环境中。它们通过孢子繁殖，借助风力运送孢子而在地球上广泛分布。在前寒武纪后期时，最早期的植物物种开始在浅水湖泊中居住。

羊齿类(或者蕨类植物)是首个发展出真正的根部、茎干和叶子的植物门类。某些现在的热带蕨类可生长到树木大小，它们在地质历史上也可以

图78
植物从海洋到陆地的进化：（1）全部被淹没；（2）半淹没；（3）完全陆地化

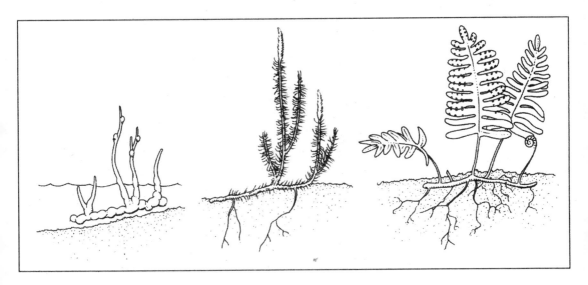

长到类似大小。松叶蕨在志留纪末期出现，在临近泥盆纪末期时灭绝，它们可能促进了首批石松、问荆和真正蕨类植物的出现。真正的蕨类植物是现存的最大植物群体，也是已灭绝植物的最大群体，对石炭纪煤炭沉积起了相当大的作用。大多数蕨类植物通过孢子繁殖，但是已灭绝的种子蕨却可以形成种子。

种子植物是能够形成种子的较高等的植物，包括裸子植物和被子植物两种。裸子植物是将种子暴露在裸露的鳞片或者锥体上的针叶树。它们从石炭纪生活到现在，覆盖了地处恶劣气候中的辽阔地区。被子植物是开花的植物，种子经常在果实中发育。种子植物起源于石炭纪，生长高度范围从青草的尺寸到巨大树木的尺寸之间。有约27万种的现代物种属于较高等的植物。

下一个主要的进化阶段是维管茎干的发展，植物可以利用维管通道从临近植物末端的沼泽或者从潮湿的地面来传导水分。强壮的茎干使得维管植物长高成为可能。早期的石松、蕨类植物和问荆都是使用这种系统的首批植物。当根部发展出来后，植物能够从被雨水湿润的土壤中将水分汲取到茎干中而完全在干燥的陆地上生存。在4亿年前的志留纪末期之前，2英寸（约5厘米）长的植物已经拥有水分引导导管，能够完全离开水域而生存。

包括石松和鳞木在内的石松植物（图79）是首批发育出真正的根部和叶子的植物。它们的枝干呈螺旋状排列，叶子通常较小，孢子附着在变成了原始球果的改性叶子上。之所以取名鳞木是因为树干上的瘢痕看起来像大片的鱼鳞，它们可生长至100英尺（约30米）或者更高，最终成为了古生代森林中占统治性地位的树种之一。

当时的许多植物仍然是非常简单原始的，局限于潮湿的地区。它们没有根部或者叶子，而是长有类似蔓延在地面的分枝的树枝。更高等的植物可长至10英尺（约3米）高，有钻入地面深达3英尺（约0.9米）的坚固的根部系统。深深扎根的植物沿着季节性干枯的溪流生长，它们需要忍受长期的干旱条件。尽管环境是如此严酷，较大的根部却能够帮助植物经得起如此严峻条件的考验。较深的根部还能够帮助控制侵蚀，使得陆地上肥沃土壤的形成成为可能，这样额外地促进了植物生长。

迅速发展的植物也使得大气中二氧化碳的浓度大幅降低，将酷热的温室气候变成了更适宜首批动物在陆地居住繁殖的环境。植物同开始各种各样的节肢动物一起在陆地生存。连接它们的是开始短暂登陆海滩并大量捕食甲壳动物和昆虫的两栖鱼类。在这个时期浅水无脊椎动物和鱼类开始居住在湖泊和溪流中。

在干燥陆地生活的首个5,000万年中，植物显示出不断增加的多样性和复杂性，包括根部系统、叶子和使用种子而不是孢子作为进行繁殖的器官。

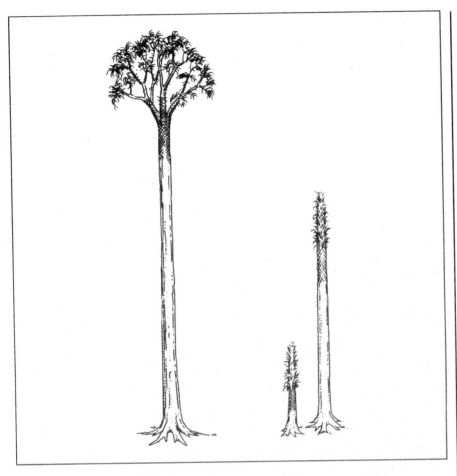

图79
鳞木是茂盛的石炭纪森林中的许多早期树木之一

当发育真正的叶子后，植物发展出多种多样的分枝方式来将自己暴露到尽可能多的阳光下，以便将光合作用最大化。对陆地植物进化来讲，对阳光的竞争是最重要的。发展出最有效率的分枝方式的植物积聚了最大量的阳光，从而成为最成功的植物。

当植物长得越来越高大时，它们从随机分枝发展为等级分枝，以便获得更高的效率及最小化的自我遮蔽，这种自我遮蔽与现在的松树类似。增加的这些重量加重了植物的机械压力，需要更强壮的分枝来防止树枝在风暴中断裂。这些革新造就了今天还存在的植物的优势地位。

珊瑚礁建造者

志留纪的海洋无脊椎动物（图80）位于奥陶纪和泥盆纪间的中间进化阶

图80
志留纪中期时的海洋
植物群和动物群（蒙
菲尔德自然历史博物
馆允许）

段。从人们对居住在海洋中的动物的柔软身体知之甚少的意义上来讲，志留纪是古生物学的"盲区"。生活在约4.3亿年前的志留纪时期的软体海洋动物包括许多蠕虫和奇异的节肢动物。在这些奇怪的动物中，有半英寸长的布满刚毛的蠕虫，还有极其微小的有触须的头部和分段的身体以及三角形尾巴的类似虾的动物。然而更神秘的是被称作是叶状假足的一群小个的、有短而粗的腿的蠕虫，它们可能已经没有已知的亲缘动物了。大量不同种类的蠕虫状的动物在寒武纪开始出现，并且显然已经进化成了更高等的动物生命。

志留纪时的珊瑚礁地层分布广泛，表明当时的温暖浅海几乎没有季节性温度变化。珊瑚虫在奥陶纪开始构建广泛的珊瑚礁，形成了堡礁和岛屿。它们也建造了位于环礁顶部的被淹没的火山，不过这些火山已经消失。当火山下沉到海下时，珊瑚虫生长的速度与火山下沉的速度相同。这使得珊瑚虫相对光合作用来讲一直处于固定的较浅深度。

珊瑚礁属于地球上最古老的生态系统，是重要的陆地建造者。它们形成了岛屿，改变了大陆的海岸线。珊瑚礁的主要结构特征是珊瑚堡垒，几乎可达到海水的表面。珊瑚礁包括巨大的圆形珊瑚头和多种多样的分枝珊瑚。位于前面的珊瑚礁是朝向海的礁峰，这里的珊瑚覆盖了几乎全部的海底。在较深的水域，许多珊瑚虫生长为平坦而薄的一片，以便将它们的光线采集区域最大化。

在珊瑚礁的其他部分，珊瑚虫形成了被浅而多沙的海峡分隔开的巨大扶壁，海峡包括死去的珊瑚虫、石灰质藻类和其他生活在珊瑚虫上的生物产生的石灰质碎片。上述海峡类似由坚固珊瑚虫组成的有垂直墙壁且狭窄而蜿蜒的峡谷。海峡可以消耗波浪能量，允许沉积物的自由流动，防止了珊瑚虫被阻塞在残骸中。在前礁的下面是珊瑚虫梯田，随后是分隔开的、有珊瑚尖顶的多沙斜坡，然后是又一个梯田，最后是没入黑暗深渊的近乎垂直的陡坡。

珊瑚水螅（图81）是一种顶部有一圈触须的软体动物，触须围绕着类似嘴的开口。触须的顶端有用来攻击附近游过的猎物的毒刺。水螅在夜晚伸展触须进食，在白天或者是低潮时收回到囊中以防止在阳光下变干。因为水螅体内的藻类需要阳光进行光合作用，所以珊瑚水螅局限于生活在通常少于100英尺（约30米）深的温暖浅水域。

化石记录能够很好地反映大量不同种类的珊瑚虫，这些珊瑚虫与许多它们现在的对应物非常类似。在古生代末期灭绝的平板珊瑚具有紧密压缩的多

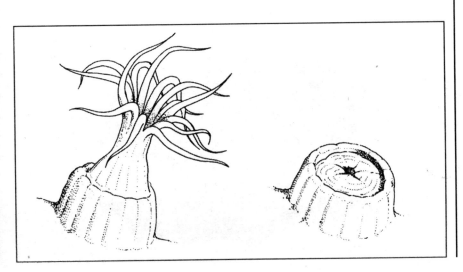

图81
躲避肉食动物和在低潮时，珊瑚水螅在碳酸盐杯中寻求保护

边形或者是圆形的囊，某些还有覆盖着囊壁的小孔。因角一样的形状而得名的皱纹珊瑚或者角状珊瑚在志留纪时尤其丰富。它们成为了后古生代主要的珊瑚礁建造者，最终在三叠纪早期灭绝。六射珊瑚拥有被六种色彩或者是隔壁分隔的囊，从三叠纪生活到现在，是中生代和新生代时期的主要珊瑚礁建造者。四射珊瑚（图82）的隔壁以四个一组的方式排列，是另一种已灭绝的建造珊瑚礁的珊瑚虫群体。厚壳蛤（图83）是在白垩纪替代珊瑚虫成为主要的珊瑚礁建造者的软体动物，在白垩纪末期时灭绝。

在地质历史上，大量的珊瑚结构变成了地球上某些最大的石灰岩沉积构造。珊瑚虫建造了堡礁和环状珊瑚岛，它们在改变地球面貌方面也起了重大的作用。珊瑚礁包含丰富的有机物质。许多古老的珊瑚礁大部分是由碳酸盐泥和名义上漂浮在沉积物上的多种多样的其他物种的骨骼残留物组成的，由此生成了某些最为精细的化石样本。

由于珊瑚虫能够建造大量耐受波浪的结构，热带植物和动物群体可以在珊瑚礁上繁荣生长。不幸的是，由于它们生存条件范围狭窄，这些珊瑚虫也是遭受了几次灭绝的相同物种。这些灭绝事件对那些稳固在海洋底或者由于生理的或生物的阻碍不能迁移出区域的生物打击最为严重。尽管下古生代时极好的气候使三叶虫极为成功，三叶虫在志留纪时却开始迅速减少。在志留纪末期，无数的物种都在灭绝中死去。

五倍对称、两侧对称、外骨骼由众多的方解石盘状物组成的棘皮类动物属于志留纪海洋中繁殖最旺盛的动物。志留纪的棘皮类动物中最成功的是海百合类动物，因为它们类似固定在海底的茎干上的花，所以通常被称作海百

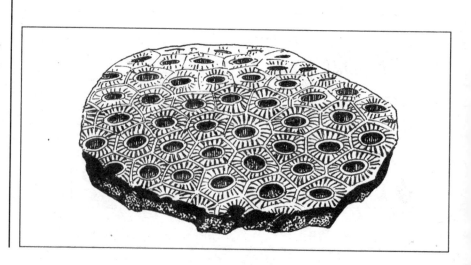

图82
已经灭绝的四射珊瑚是主要的珊瑚礁建造者之一

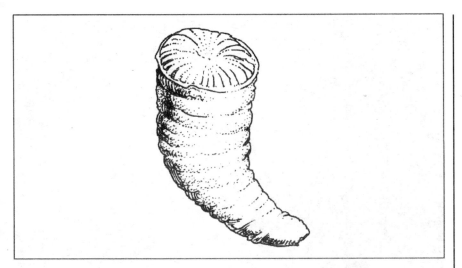

图83
厚壳蛤是建造珊瑚礁
的主要的软体动物

合。一些海百合类动物也是浮游型的或自由游动的种类（图84）。它们成为了中古生代和上古生代时期占统治性地位的棘皮类动物，有许多物种现在仍然存在。

海百合的长茎在有利的条件下可以生长到10英尺（约3米）长或者更长。它们可能是由100个或者是更多的被称作是茎骨板的方解石盘组成的，通过类似根的附属器官固定在海洋底面。被称作是萼冠部的杯位于茎干的顶部，里面有消化和繁殖器官。水流经过时，动物通过五个从萼冠部伸出的羽毛状手臂过滤食物颗粒，使得海百合具有了花一样的外形。已灭绝的古生代海百合和它们的萼冠部类似玫瑰花苞的海蕾亲缘物形成了极好的化石，特别值得一提的是，在露出地面的风化石灰石岩层上的茎干经常看起来像长串的珠子。

海胆动物是包括海胆、心形海胆和"沙钱"在内的一种棘皮类动物。它们有由含石灰的盘组成的外骨骼，呈现多刺、球形或者是辐射状对称的特征。一些更高级的形式是细长而沿着中心侧面对称的结构。海胆大多数生活在覆盖有可供自己捕食的藻类的岩石中。不幸的是，这样的环境是不利于化石化的。同样，偶尔冲上海滩的人们熟悉的沙钱也很少出现在化石记录中。

陆地侵占

大陆的群落化是进化历史中最为重要的步骤之一。令人奇怪的是，在经过了超过3/4长的地球历史之后，生物最终在约4.5亿年前占领了陆地。登陆

图84
佛罗里达州拉斐特县佛罗里达半岛的罗森石灰岩中的一种较低等微海百合样本（照片提供：P.L. 艾普林，承蒙美国地质勘探局USGS允许）

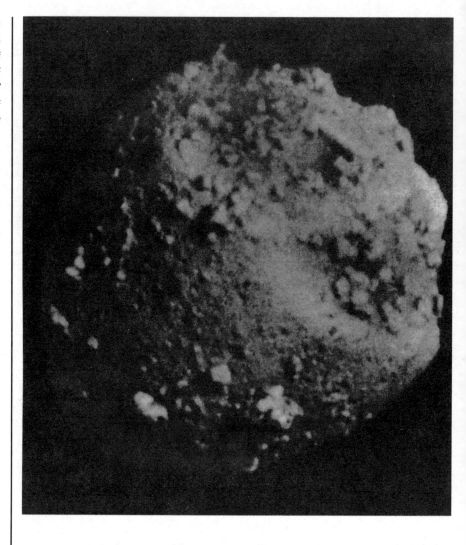

陆地如此延缓的部分原因可能是在以前时间里缺乏氧气来形成有效的臭氧屏障。臭氧层可过滤掉太阳中有害的紫外射线。强烈的紫外线可能将生命一直局限于海洋具有保护性的水域中，直到臭氧的浓度足以高到为在干燥的陆地生存创造出安全的条件。

首批爬出海洋并且在大陆繁殖的无脊椎动物可能是甲壳类动物。这些古老的节肢动物在植物开始移居到陆地后不久就从海洋中开始移出。已知最早的适应陆地的动物是在约有4.15亿年历史的志留纪岩石中发现的蜈蚣和大小与跳蚤相当的类似蜘蛛的蜘蛛纲动物。蜘蛛纲动物是呼吸空气的甲壳类动物，包括蜘蛛、蝎子、长脚蜘蛛、扁虱和螨类等。早期的陆地群落包括以小植物为食的节肢动物，这些节肢动物是蜘蛛类食肉动物的猎物。

早期的甲壳类动物是分段的动物，可能靠100对腿来行走，是现在的千足虫的祖先。一开始，它们停留在临近海岸的地方，最终与苔藓和地衣一起向更远的内陆移动。因为它们有完全属于自己的陆地，没有竞争者，还有丰富的食物供给，一些物种进化为首批的陆地庞然大物——可长至6英尺（约2米）长。当被称作是广翅鲎的巨大海洋蝎类的后代最后登陆上岸时，甲壳类动物又成为了它们容易获得的猎物。

森林里的叶子和其他可食用的部分都从地面生长，超过了易于够到的距离，因此森林的出现给昆虫的祖先带来了新的机遇。昆虫爬到高大树木的树干上以茎干和叶子为食可能比冒险再回到下面地面寻食要少些凶险。如果昆虫只是跳跃或者是依靠原始简单的类似翅膀的结构在空气中滑翔，再回到地面可能曾经会非常容易。这些附属器官一开始可能是调节昆虫身体温度的一种方法。通过自然选择，它们发育成为拍打的翅膀。这些翅膀可以很好将昆虫运送到树顶，因而当脊椎动物最后上岸时，翅膀可以帮助昆虫逃脱肉食动物的捕食。

昆虫是迄今为止现存最大的节肢动物群体。它们能够信心十足地宣称自己为世界上最繁盛和数量最多的动物。昆虫和植物在超过3亿年的时间里一直互相争斗。最凶猛的争斗曾经发生在热带地区，在热带，大群饥饿的害虫侵袭植物，植物反过来用毒素保护自身。

自从动物离开海洋并且开始在干燥的陆地生活后，昆虫和其他的节肢动物统治了整个地球。昆虫有三对腿和在胸腔或上腹部上的两对典型的翅膀。在大多数情况下，昆虫的身体被由与纤维素类似的几丁质组成的外骨骼覆盖。为了能够飞行，昆虫必须是轻重量级的，这使得它们纤细的身体不能很好地化石化；除非昆虫被诱捕在树液中，树液变成了坚硬的琥珀，使得昆虫能够经得住时间严酷的考验。在一些群体中，外骨骼是由几丁质或者是磷酸钙组成的，这样就提高了这些昆虫化石化的机会。

劳亚大陆

在志留纪时，所有北方的大陆碰撞形成了劳亚大陆，这些北方的大陆包括北美的内部、格陵兰和北欧。被称作是劳伦西亚的北美大陆的祖先是由几个18亿年前开始碰撞的微大陆组成的。这个大陆的大部分是在仅仅相对短的1.5亿年的时期里发展形成的。

从亚利桑那州到五大湖区再到美国南部的阿拉巴马大陆地壳的大部分是在一次重大的地壳生成波动中形成的，到现在都没有发现已知的与这次波动相等的地壳生成波动。当时可能是地球历史上地壳构造活动和地壳生成历史上最活跃的时期，造就了超过80%的所有大陆块。这些前寒武纪变质岩石的最好的例子是大峡谷底部的毗湿奴片岩（图85）。

劳伦西亚大陆非常稳定，足以承受另外十亿年的冲撞和断裂。它通过将拼接小块的大陆和将弧形列岛接到边缘来持续生长。在临近劳伦西亚大陆东部边缘的大量火山岩石的存在意味着这块大陆曾经是一个更大的超大陆的中心。潜没板块处的地球地壳沉入地幔，但超大陆的中心部分与潜没板块的冷却效应距离较远,这使得超大陆的内部被加热并且通过火山作用爆发。

在迅速的大陆建造之后，从16亿年前到13亿年前间劳伦西亚大陆的内部经历了大量的火成岩活动。由熔化的岩浆在地下和表面固化形成的火成岩（表6）组成了宽阔的红色花岗岩和流纹岩地带，从加利福尼亚北部到拉布拉多横跨大陆的内部绵延了几千英里。由于其近乎陡峭的构造，劳伦西亚大陆的花岗岩和流纹岩很独特，表明大陆几乎变长和拉紧到断裂点。现在在密苏里州、俄克拉荷马州和一些其他地区的这些岩石都暴露在外面。但是在大陆中心它们被埋在沉积物的下面，厚达一英里（约1.6千米）。另外，约11

图85

亚利桑那州大峡谷国家公园中的前寒武纪毗湿奴片岩（照片提供：R.M. 特纳, 承蒙美国地质勘探局USGS允许）

表6　火山岩的分类

性质	玄武岩	安山石	流纹岩
硅含量	最低，约50%，碱性岩石	中间，约60%	最高，超过65%，酸性岩石
黑色矿物含量	最高	中间	最低
典型矿物质	长石、辉石、橄榄石、氧化物	长石、闪石、辉石、云母	长石、石英、云母、闪石
密度	最高	中间	最低
熔点	最高	中间	最低
表面熔化岩石黏度	最低	中间	最高
熔岩形成	最高	中间	最低
火成碎屑物形成	最低	中间	最高

亿年前大量的熔化玄武岩从内布拉斯加州的东南部到苏必利尔湖地区的地壳中的巨大裂缝中涌出。火山岩石弧也迂回穿过加拿大的中部和东部，向南进入北达科他州和南达科他州。

这些在大陆内部的巨大火成岩涌出物表明劳伦西亚大陆是在约16亿年前形成的一个超大陆的一部分，并且在约13亿年前分裂开，上述时间是与火成岩活动时间相符合的。超大陆像是在上部地幔上的绝缘覆盖物，使得热量能够在下面被收集起来。约11亿年前，数量巨大的熔化玄武岩从内布拉斯加州的东南部到苏必利尔湖地区的地壳中的巨大裂缝处喷出。

约7亿年前，劳伦西亚大陆与另一个大的大陆在它的南部和东部边缘发生碰撞，生成了一个新的被称作罗迪尼亚的超大陆。大约位于现在太平洋位置的超海洋包围了这个超大陆。这次碰撞推起了一个位于北美东部的长为3,000英里（约4,800千米）的被称作格林威尔造山带的山脉带（图86）。类似的山脉带也占据了欧洲的西部。约6.7亿年前，在可能是地球上已知的最大的冰川作用时期，厚厚的大冰原扩展到大陆的许多部分。在这段时期，罗迪尼亚可能已经穿过了其中一个极地区域，并聚集了厚厚的冰层。

图86
北美的格伦维尔造山
运动

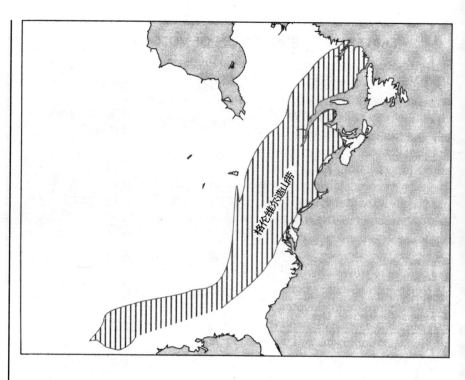

格伦维尔造山带

    罗迪尼亚在约6.3亿年前到5.6亿年前分裂开，组成它的大陆板块也互相漂移分开。当这些大陆分散开并且平静下来后，海水淹没了内部，在大量生物进化的地方形成了巨大的大陆架。这段时期物种的快速进化非常显著。另一个爆发进化的非常事件发生在泛古陆超大陆分裂约4亿年后的时期。

    约20亿年前，古老的北美大陆与被称作是克拉通的地壳小块连接在了一起。非洲和南美大陆直到约7亿年前才聚集到一起。在过去的近5亿年里，大约十二个的单个大陆板块聚到一起形成了欧亚大陆。这是最年轻和最大的现代大陆，仍然在与从南部来的地壳大块结合到一起，一直处在非常活跃的地壳构造板块上。

    罗迪尼亚分裂后，分离的大陆打开了被称作是伊阿佩托斯的原始大西洋。分裂过程形成了广泛的内陆海洋，这些内陆海洋于约5.4亿年前淹没了劳伦西亚大陆的大部分，在诸如威斯康星等地存在的寒武纪海岸为此提供了证据。与此同时海洋也淹没了被称作是波罗地的古老欧洲大陆。伊阿佩托斯在位置和大小上都与北大西洋类似，海洋上分布着火山岛屿，类似今天的太平洋西南部。

    约4.8亿年前，大陆达到了它们的扩张极限，北美板块下部洋底的潜没引发了一段时期的火山活动和山脉建造。约4.2亿年前到3.8亿年前，从志留纪早期到泥盆纪的时期里，劳伦西亚大陆与古老的欧洲大陆波罗地相撞，封锁了伊阿佩托斯海洋。这次相撞将上述两个大陆合并为超大陆——劳亚大陆（图87），大陆以加拿大的劳伦森省和欧亚大陆而命名。这些古生代的大陆相撞将数量巨大的岩石抬起为遍及全世界的几个山脉带。连接这些大陆的接缝处被保留下来成为古老山脉的侵蚀中心。

当劳伦西亚大陆与波罗地大陆连接后，被称作泛古洋的原始太平洋上的弧形列岛开始与现在的北美西部边缘相撞。这次相撞导致了安特勒造山运动，造成了从加利福尼亚－内华达边缘到爱达荷州的大盆地地区岩石的严重变形（图88），造山运动以内华达州巴特尔芒廷附近的安特勒山峰而命名。它包括广泛分布的质地粗糙的碎屑状沉积物和一个著名的东西延伸的罗伯茨山脉冲断层。

劳亚大陆占领了北半球，同时与它对应的冈瓦纳大陆正位于南半球。冈瓦纳大陆的大部分位于从寒武纪到志留纪的南部极地地区。位于冈瓦纳大陆北部边缘的现在的澳洲大陆当时位于赤道上。以希腊神话中海洋之母的名字而命名的特提斯海洋的大部分水域将两个超大陆分开。在大陆间存在宽阔海

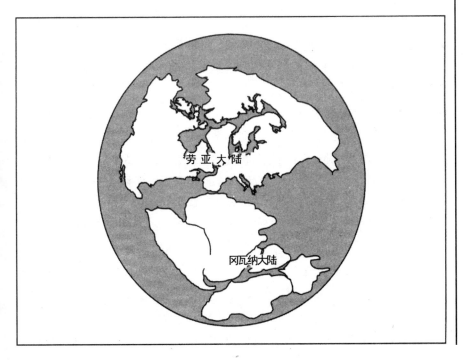

图87
约4亿年前的大陆分布，劳亚大陆在北半球，冈瓦纳大陆在南半球

域的证据来自在南部大陆发现却在劳亚大陆缺失的一种被称作是舌羊齿的独特的植物标本（图89）。特提斯海洋容纳了从大陆冲刷下来的厚厚的沉积物沉淀。

侵蚀使得大陆开始下降。浅海淹没了陆地，覆盖了现在的一半以上的陆地面积。沉积物的重量形成了位于海洋地壳的被称作是地槽的很深的凹陷。当非洲板块与欧亚大陆相撞时，沉积岩后来被抬升为巨大山脉带，包围着地中海。内陆海洋、广阔的大陆边缘和稳定的环境提供了非常有利的生长条件，使得海洋生命繁荣和扩展到全世界成为可能。

在后志留纪时，冈瓦纳大陆在约4亿年前漂泊到了南部极地区域，累积了厚厚的冰层。冰川中心向各个方向扩展。大冰原覆盖了南美中东部、南非、印度、澳洲和南极洲的很大部分（图90）。在冰川作用的早期，最大的冰川效应发生在南美和南非。后来，主要的冰川中心转移到了澳洲和南极洲，这为南部大陆漂泊学说以及大陆在南极汇集提供了强有力的证据。

在澳洲，志留纪时期的海洋沉积物与冰川沉淀互相镶嵌。冰碛岩被煤层

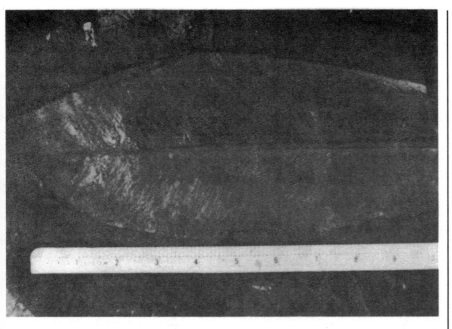

图89
舌羊齿叶子的化石，
这种植物在南部大陆
的存在是冈瓦纳大
陆存在的强有力证据
（照片提供：D.L. 施
密特，承蒙美国地质
勘探局USGS允许）

分隔开，而冰碛岩由冰川沉淀的巨石和黏土组成。这表明大量森林生长的温暖间冰期隔断了冰川作用时期。南非的卡鲁系列由后古生代熔岩流序列、冰

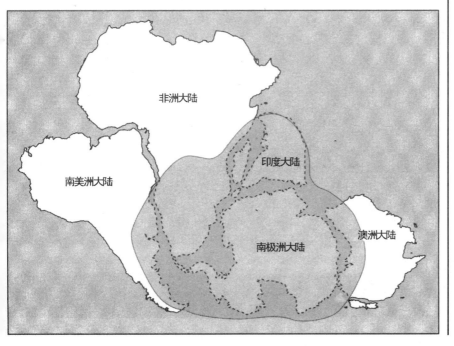

图90
古生代后期时冈瓦纳
大陆的冰川范围

非洲大陆

印度大陆

南美洲大陆

南极洲大陆

澳洲大陆

碛岩和煤层组成，整体厚度达2万英尺（约6，000米）。煤层中间有灭绝的蕨类植物舌羊齿的化石叶子。因为这种植物只能在南部大陆被找到，所以是冈瓦纳大陆存在的最好的证据之一。

在研究了志留纪最早期的陆地植物后，下一章将介绍泥盆纪时期的海洋生物。

7

泥盆纪鱼类

海洋动物时期

本章将要介绍泥盆纪时期海洋中的生命和首批来到陆地的脊椎动物。从4亿年前到3.45亿年前的泥盆纪是以英格兰西南部德文郡的海洋岩石而命名的。泥盆纪时期的岩石存在于所有的大陆，说明当时形成了利于海洋和陆地广泛分布的条件。泥盆纪时期超大陆劳亚大陆和冈瓦纳大陆开始互相接近，分裂了位于它们之间的特提斯海洋。广泛分布的沙漠、蒸发岩沉淀、珊瑚礁和北部远至加拿大北极地区的煤沉淀层都说明了当时世界大部分地区处于温暖的气候控制下。

温暖的泥盆纪海洋刺激了海洋物种的进化发展（图91），其中包括菊

石的首次出现。菊石是卷曲的有壳头足类动物，在随后的中生代海洋中生存的成功非常。在3.5亿年间的时间里，这些巨大的软体动物游荡在古老的海洋中。海洋动物生命的最高形式及统治所有其他动物的脊椎动物离开了海洋中的居所，开始在陆地建立永久的"住所"，陆地随后全部被森林覆盖。临近泥盆纪末期时，气候变冷并可能引起了极地附近的冰川作用。气候变化导致了许多热带海洋动物的灭绝，为更能适应寒冷气候的全新物种铺平了道路。

鱼类时期

泥盆纪曾经被通俗地称作是"鱼类时期"。原始鱼类化石在全世界的广泛分布提供了古生代早期时很长时期的脊椎动物记录。化石记录显示了当时存在如此众多和不同种类的鱼类，以致古生物学家将很难将这些鱼进行分类。现在还生存的每个主要的鱼类物种都可以在泥盆纪找到对应的祖先。但是，并不是所有的泥盆纪鱼类物种都活到了现在，其中一些在中间时期已经走向灭绝。

泥盆纪海洋中鱼类的兴起造成了行动性比它们缓慢的无脊椎竞争者的衰落。在这段时间末期发生的一次灭绝事件标志着这次衰落达到顶点，这次灭绝事件消灭了许多热带海洋群体。当大量的灭绝事件发生时，那些进化为具有更好适应性的生物体生存了下来，这就是为什么某些物种能在一个接一个的重大灭绝事件中生存下来的原因。这对诸如鲨鱼在内的海洋物种来讲尤其如此，鲨鱼起源于约4亿年前的泥盆纪，自此后在每次的大灭绝中都生存了下来。

鱼类占据了超过半数的包括现存的和已灭绝的物种在内的脊椎动物物种。鱼类包括无颚鱼（七鳃鳗和八目鳗类鱼）、软骨鱼（鲨鱼、鳐鱼、魟鱼和银鲛）和多骨鱼（鲑鱼、旗鱼、小梭鱼和鲈鱼）等等。辐鳍鱼纲是目前为止现存鱼类物种中群体最大的。鱼类从粗略的鳞、不对称的尾巴和骨架中的软骨进化为灵活的鱼鳞、非常先进的鳍和尾部以及全部由骨头组成的骨架，与今天的鱼类非常相似。

首次出现在奥陶纪的无颚鱼是已知最早的脊椎动物，已经存在了4.7亿年。它们有与软骨类似的灵活的杆状体，相当于实现后背脊骨的功能。但是，它们可能是并不高明的游泳者，并且其行动局限于浅水区域。包围头部的骨盘可以起到保护作用，从而使其免受无脊椎肉食动物的袭击。但是，额外增加的重量使得这些鱼类中的大多数生活在海洋底部，它们通过在洋底筛选底部沉积物来寻找食物颗粒。

约4.6亿年前，鱼鳄的发展彻底改进了捕食功能。某些当时曾经是庞然大物的大型有颚脊椎动物爬到了食物链的最顶端。已经灭绝的盾皮鱼（图92）是捕食较小鱼类的巨大凶残怪物，长达30英尺（约10米）或者更长。它们生活在较浅的淡水溪流和湖泊中。有红色鱼鳞作为掩饰，它们可以很好地隐藏在红棕色的栖息地。它们有进化很好的带有关节的颚部和沿着头部覆盖在颚上和颚后面的厚厚防护层。在这些群体之一中产生了陆地动物，说明了鳄在脊椎动物进化中起着非常重要的作用。

通过支持鳃部，鳄的进化也改善了鱼的呼吸作用。鱼将水吸进嘴里后，挤压鳃弓将水送到嘴后面的鱼鳃。鱼鳃中的血管在水流出鳃缝时交换氧气和二氧化碳。鱼鳄能给非常大的猎物施加压力，使得一些鱼类成为了凶猛的肉食动物。原始的有鳄鱼类可能曾经造成了三叶虫的灭亡，而三叶虫曾经在寒武纪海洋中异常繁盛。

图92
已灭绝的盾皮鱼是长达30英尺（约10米）的庞然大物

　　腔棘鱼（图93）曾被认为是在6，500万年前与恐龙一起灭绝的。然而，在1938年渔民在马达加斯加岛附近科摩罗群岛印度洋的深处冷水中抓到了一条5英尺（约1.5米）长的腔棘鱼。这条鱼看起来像是来自遥远过去的古老漂流者。它有肥胖的尾巴、位于鳃后的一套大前鳍和强有力的方形多齿颚以及很重的装甲鳞。最令人惊奇的是，这条鱼与自己的远古祖先相比并没有发生很大的改变，而它的祖先是约4亿年前在泥盆纪海洋中开始进化的。正因为如此，腔棘鱼被赋予了"活化石"的称号。

　　腔棘鱼的头部有一个小器官，可以用来探测微弱电场。鲨鱼也有类似的传感器，能够导向目标追踪较小鱼类移动肌肉产生的微弱电场，而这些鱼类正是它们捕食的猎物。腔棘鱼能够表演很多"杂技"，包括倒立、向后游泳或上下拍打来查明猎物的电场轨迹。

图93
生活在印度洋中的深水域的腔棘鱼

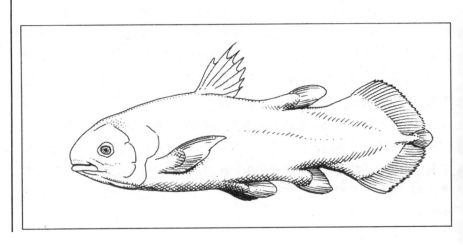

　　腔棘鱼与陆地居住的脊椎动物来自相同的进化分系。下部粗壮的鳍使得鱼类能够沿着深海底部爬行。这些鳍是两栖动物四肢的前身，鳍部协调作用的方式在大多数鱼类中都没发现，在四脚陆地动物中却很常见。鳍能够以与爬行蜥蜴的腿类似的方式移动，通过两侧都有的向前附属器官与位于另一边的向后附属器官协同作用而前进。这样的进化可能促使从海洋到陆地的转变变得容易，使腔棘鱼成为更高等陆地动物最直接的祖先。

　　泥盆纪的总鳍组鱼和肺鱼可能将鱼类和陆地脊椎动物相互关联起来，肺鱼是另一个现在仍然存在的活化石。总鳍组鱼是叶鳍状的，意思是说它们鳍上的骨头是黏附在骨架上、排列为爬行肢的原始元件。它们将空气吸入原始的鼻孔和肺部，并利用鳃进行呼吸。这样，它们就位于从鱼类到在陆地生活的脊椎动物的直系进化中，这种直系进化产生了两栖动物和爬行动物（图94）。

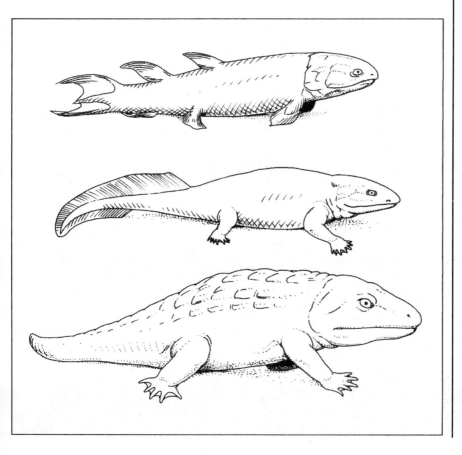

图94
从总鳍组鱼（顶部）到两栖鱼类（中间）再到两栖动物（底部）进化示意图

从泥盆纪到现在，鲨鱼一直都是非常成功的动物。一种被称作异刺鲨的古老淡水鲨鱼有从头部到尾部的后鳍，使它能够像蛇一样在水里滑动。与鲨鱼关系密切的是鳐鱼，有平坦的身体和长达20英尺（约6米）翼的胸鳍以及缩小为鞭子似的细长的尾巴。当它们捕捉浮游生物到自己的嘴里时，鳐鱼差不多是飞着穿过海面的。

鲨鱼呼吸的方式很特别：先将水吸进嘴里，再将水送到鳃部，然后通过头部后边特殊的裂缝将水排出。鲨鱼的身体密度比水大，它必须不停游泳，不然就会沉到底部。与大多数鱼类的骨架都是由骨头组成不同，鲨鱼的骨架是由软骨组成的，是一种更有柔韧性和更轻的材料。但是，软骨不能够很好地化石化。在泥盆纪之前的海洋岩石中发现的牙齿是古老鲨鱼仅有的共同遗留物（图95）。

图95

在加利福尼亚州克恩县的鲨鱼牙齿山上挖掘出的鲨鱼牙齿（照片提供：R.W. 潘克，承蒙美国地质勘探局USGS允许）

海洋无脊椎动物

与在奥陶纪进化的无脊椎动物类似，泥盆纪海洋无脊椎动物包括大量繁殖的腕足动物、珊瑚虫、海百合、三叶虫和腹足动物等。比较高级的有关节的腕足类动物出现在泥盆纪，是那个时期重要的地层学标志物。寒武纪和泥盆纪时期的岩石中发现有腕足动物的化石和波痕，说明某些古老的腕足动物生命形式曾居住在海岸区域。现代腕足动物生物体数目约有260个物种，居住在从几英尺到500多英尺深的温暖海洋底部。某些数目稀少的种类在深达2万英尺（约6，000米）的地方繁荣生长。

腕足动物的壳位于壳瓣内部，壳瓣包含被称作包膜的膜。由此围起了一个大的中心空穴，可以装入触手冠，用来收集食物。被称作是肉茎的肌肉茎从壳瓣中的一个孔中伸出，是动物用来黏附到海底用的。壳瓣的结构可以用来鉴别不同的腕足动物物种。壳有多种多样的形式，包括椭圆形、球形、半球形、扁平形、凹凸形或者是不规则形等。壳的表面是光滑的或者修饰有肋骨、凹槽或脊骨。生长线和其他结构显示了形式和习性上的变化，为研究腕足动物的历史提供了线索。

苔藓虫是极小的珊瑚状群落，具有薄壳状、分支状或扇形结构。它们是见证了从早古生代到后古生代显著变化的主要海洋动物群群体之一。多石的苔藓虫在奥陶纪和志留纪时数量尤其众多，在泥盆纪前减少到无足轻重的地步。苔藓虫花边的形式极其多样化，全部苔藓虫群体都有花边，这种多样化在泥盆纪和石炭纪时达到顶峰。精细的、像小树枝似的苔藓虫也很常见，但是在二叠纪时急剧减少，只有少数几个群体在这段时期末期从灭绝中生存了下来。

曾经在奥陶纪和志留纪时期占统治地位的平板珊瑚虫在泥盆纪已经没有先前那么多了。四重不对称且隔膜四倍分布的四射珊瑚曾经是建造珊瑚礁的主要珊瑚虫群体，在泥盆纪时达到顶峰。它们建造了形成肯塔基州路易斯维尔俄亥俄河瀑布的珊瑚礁。四射珊瑚在石炭纪时仍然十分常见，但在二叠纪当它们繁荣生长于其中的海洋后退时，四射珊瑚急剧减少。它们可能进化出了有六个侧隔壁的六射珊瑚。大多数平板珊瑚和四射珊瑚没有从二叠纪灭绝中生存下来。

玻璃海绵在泥盆纪浅海中很常见，由含有硅石的针状体组成相互交错的格子结构。玻璃海绵有错综复杂排列形成美丽网格的硅石形成的玻璃状纤维。这些坚硬的骨架结构通常是海绵动物保存为化石的仅有部分。海绵以及诸如硅藻这样直接从海水中吸取硅石来建造自己骨架生物的巨大成功解释了为什么现在的海洋中非常缺乏硅石这种矿物。

牙形刺（图96）是有颚骨外形且可能类似水蛭的动物的多骨附属器官，在泥盆纪时显示了最大的多样性。这些动物是最常见的动物群，对当时的长期岩石关联相当重要。当居住的浅海变得非常有限时，牙形刺在二叠纪和三叠纪时的重要性就变小了。

当时有很典型的软体动物代表。淡水蛤类在泥盆纪前首次出现，表明水生的无脊椎动物已经成功地征服了陆地。节肢动物也涌入了陆地。高等昆虫、蜘蛛和带有毒性颚牙的蜈蚣都是在泥盆纪首次出现。介形亚纲动物又被称作为介形虫，是微小的双壳类甲壳纲动物，在当时数量开始增加，但是在后二叠纪当海水由于陆地碰撞而收缩时开始减少。花一样的海百合在泥盆纪海洋中很常见，在后古生代时达到顶峰。然而，海百合和它们的海蕾同辈没能在二叠纪中生存下来。

鹦鹉螺软体动物和菊石（图97）在约3.95亿年前的早泥盆纪出现。它们具有分为几个气室的外壳。连接身体各段的接缝线呈现出多种多样的模式，可用来对不同物种进行鉴别。气室可以提供浮力来平衡生长外壳的重量。大多数外壳卷曲为平面，某些形式是螺旋卷曲的，其他的基本是直的。

现在已灭绝的鹦鹉螺软体动物可向上生长到30英尺（约10米）甚至更长。因为有直而流线型的外壳，鹦鹉螺软体动物是泥盆纪海洋中最敏捷和威武的动物之一。它们利用气室来保持中间浮力，通过类似漏斗的附属器官将水在压力下排出而获得高速行动的推进力，浮力和推动力一起促成了鹦鹉

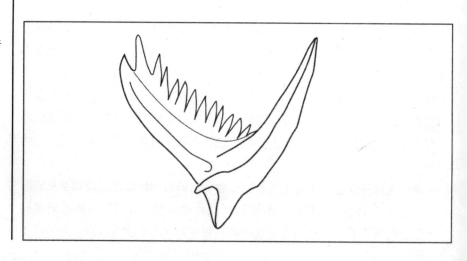

124

图97
菊石是古生代和中生代海洋中最庞大的生物之一，有些能长到7英尺宽（约2米）

螺软体动物的巨大成功。

类箭石可能起源于更原始的鹦鹉螺软体动物，在侏罗纪和白垩纪数量众多，但是在第三纪时走向灭绝。它们与现代的乌贼和章鱼间存在某种联系，有修长而类似子弹的外壳。类箭石的外壳在大多数物种中是直的，在其他物种中是松散卷曲的。外壳中分室的部分比菊石的小，外壁则加厚成为肥大的雪茄形状。

菊石是最重要的头足类动物。它们有很多不同种类的卷曲外壳形式（图98），这使得它们成为古生代和中生代的理想标志性动物。外壳设计有规则地进化，使得菊石成为深海中最敏捷的动物。它们能成功地躲避捕食者，并且成为鱼类食物的竞争者。菊石主要生活在中等深度海洋中，可能与现存的乌贼和墨鱼有许多共同特性。一些菊石的外壳曾经生长到7英尺（约2米）宽的惊人尺寸。鹦鹉螺通常被认为是活化石，它是菊石仅有的现存亲缘动物，生活在深达2，000英尺（约600米）深度的南太平洋和印度洋中。

在约3.65亿年前，临近泥盆纪末期发生的一次重大灭绝事件中，许多热带海洋群体很可能是由于气候变冷而消失了。这次灭绝与冰川作用有关。但是在约3.3亿年前很多地方都发生的石炭纪冰川作用（石炭纪的冰川作用曾经覆盖了南部大陆）中，并没有大规模的灭绝发生，而在后泥盆纪灭绝发生后，容易发生灭绝的物种数目有限，因而灭绝率相对低。

泥盆纪末期的物种灭绝似乎发生在历时700万年的一段时期里。这次灭绝消灭了珊瑚虫物种和许多其他在海底居住的海洋生物。原始珊瑚虫和海绵曾经是在这段时期早期大量石灰石珊瑚礁的建造者，它们在这次灭绝中受到

图98
阿肯色州一个地层中的菊石外壳标本（照片提供：M. 戈登. Jr，承蒙美国地质勘探局USGS允许）

了严重的损害，并且再也没有完全恢复过来。当这些群体消失时，能够更好忍受寒冷条件的玻璃海绵迅速开始多样化，当危机平息并且其他群体恢复时，玻璃海绵才开始减少。它们在后泥盆纪时的繁荣表示运气较差的物种已经由于气候变冷的影响而死亡。大量的腕足动物家族也在这段时期的末期走向了灭绝。

　　但是，这次灭绝没有对同一环境下的所有物种造成程度完全相同的影响。由于缺乏珊瑚礁建造者及其他温暖水域的物种容易灭绝，仍有许多冈瓦纳大陆动物群在这次冲击中生存了下来。相反，在北极水域生活且已经适应寒冷的动物过得非常好。泥盆纪时的大部分冈瓦纳大陆位于南极区，当时海洋淹没了大陆的宽阔区域。缺少珊瑚礁建造者和其他温暖海洋物种的冈瓦纳大陆动物群在这次灭绝中生存了下来，损失得很少。

今天还生活在世界海洋中的最古老物种在冷水中可以繁荣生长。北极物种包括某些腕足动物、海星和双壳类动物在内，许多物种的起源可追溯上亿年，一直追溯到古生代的生物种类。相反，诸如珊瑚礁群落的热带动物群受到了周期性大规模灭绝的严重打击，在地质时标上迅速出现和消失。但是，灭绝并没有影响这一地域所有的其他动物，比如珊瑚虫和软体动物。

一次或者两次巨大小行星或者是彗星对地球的撞击是泥盆纪末期灭绝事件发生的可能起因。在中国的湖南省和比利时发现的沉淀物支持了陨星撞击理论，沉淀物中包含有被称作玻陨石的玻璃珠。当巨大的陨星撞击地球，将可以快速冷却为玻璃小块的熔化岩石液滴投掷到空气中的时候，可以形成玻陨石（图99）。沉淀物还含有高含量的铱，有力地说明了这些沉

图99
1985年11月在得克萨斯州发现的北美玻陨石，显示出表面的侵蚀特性（照片提供：E.C.T. 超，美国地质勘探局USGS特许）

积物来自地球之外。与玻陨石相同时期的瑞典丝丽扬湖火山口可能是撞击沉淀物的来源地。这项证据表明陨星撞击可能曾经造成了地球历史上的许多大规模灭绝。

陆地脊椎动物

真正的蕨类植物统治着泥盆纪植物群地貌，它们是现存植物中第二大最具多样性的群体。在志留纪末期出现的松叶蕨在接近泥盆纪末期时走向了灭绝。一些古老的蕨类植物已接近现在树木的重量（图100）。最早的木质树

图100
包括髓木在内的古老蕨类植物与现在的树木一样高

木是已灭绝的古羊齿，它在3.7亿多年前的后泥盆纪时期曾经显著地改变了地球。当时两栖动物刚刚开始爬出海洋来到陆地，这种树木能产生孢子，有厚厚的生存期，较长的落叶树枝和几年后就死去的生存期很短的树枝。

厚厚的树枝可能曾经遮挡并冷却了两栖动物迅速进化所在的溪流。当植物扩展到整个地球后，迅速生长的植物从大气中吸收了二氧化碳，从而冷却了地球，同时增加了空气中氧气的含量，为陆地脊椎动物的出现创造了条件。在泥盆纪开始时，由于大气中氧气浓度较低，陆地动物可能还不能呼吸。但是，到这段时期末期时，陆地动物在呼吸上已经没有任何困难。

淡水无脊椎动物和鱼类居住在湖泊和溪流中。约3.7亿年前生活在澳洲的淡水鱼与现在在中国存活的那些鱼类几乎是相同的。这就表明这两个陆地曾经离得很近，鱼类能够在它们间移动。约3.6亿年前，鱼类一直是唯一的脊椎动物，诸如总鳍组鱼的肉鳍鱼类在进化发展着（图101）。肉鳍鱼类有厚厚的圆形鳍，骨头算不上精细但是是那些四足动物的祖先。肉鳍鱼类用鳃进行呼吸。在氧气较少的沼泽中或者是搁浅到陆地上时，它们也能够用原始的肺进行呼吸，它们的后代成为在大陆繁殖的首批高等动物。

两栖动物的祖先有可能是总鳍组鱼，所有的陆地脊椎动物来自从总鳍组鱼开始的主干群体。它们可以生长到10英尺（约3米）长，有带有巨大牙齿的强有力的颚。在泥盆纪中期以前，两栖动物开始统治陆地，尤其是巨大的沼泽湿地。当这段时期末期气候变冷，并且冰川扩展到大陆时，首批爬行动物出现，并且开始取代两栖动物，成为占统治性地位的陆地脊椎动物。

肉鳍鱼类主要用鳃进行呼吸。与其他鱼类不同的是，它们也能用肺进行呼吸。这些是现代肺鱼的祖先。海浪高潮时冲到岸上的大量食物可能曾经诱

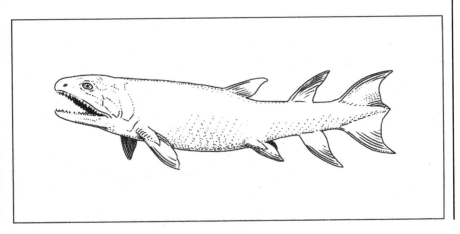

图101
肉鳍鱼类进化为首批四足动物

使这些鱼类登陆上岸。在海洋中，稀少食物造成的激烈竞争使能在陆地找到食物对于任何动物来说都是非常大的进化刺激。这些动物的后代成为了在大陆繁殖的首批高等动物。

在泥盆纪中期之前，海洋中艰辛的竞争刺激着总鳍组鱼登陆上岸进行短暂突袭以捕获大量的甲壳动物和昆虫。总鳍组鱼是带有重而类似珐琅鱼鳞的肉鳍鱼类，它们的鳍骨以能够形成原始肢的方式黏附在骨架上。总鳍组鱼增强了它们的肉鳍，肉鳍最后进化为腿，可在沙土中挖掘食物和庇护所。它们最终冒险到更远的内陆，不过不会远离诸如湿地或者是溪流这样容易接近的水源。与现在肺鱼相似的原始泥盆纪鱼类会依靠腹部从一个水塘爬行到另一个水塘，通过鳍来推动自己前进（图102）。

鱼类和陆地脊椎动物的过渡物种是泥盆纪的肺鱼。肺鱼的后代现在仍然生活在非洲、澳洲和南美等地，上述大陆曾经组成了超大陆冈瓦纳大陆。现在的肺鱼生活在季节性干枯的非洲湿地，这些鱼在雨季来临返回前要躲藏很久，它们在潮湿的沙地中挖洞，在表面留一个气孔，以生活暂停或者假死的方式生存，通过原始的肺进行呼吸。利用这种方式，如果需要，它们可以离开水生活几个月甚至一年或者更长时间。当雨季来临时，水塘又注满了水，这些鱼类便恢复生命，又开始通过鳃进行呼吸。

在佛罗里达州，一种起源于亚洲的能"走路"的鱼类会离开干枯池塘，通过尾巴和鳍推动自己前进，有时在找到另一个合适居所之前会走相当长距离。这种鱼类用原始鼻孔和肺进行呼吸，也用鳃进行呼吸，处于从鱼类到陆地生存的脊椎动物的进化系中间。对努力生活在温暖而较浅而且氧气浓度低的不流动水域中的鱼类来讲，空气呼吸也很重要。

图102
呼吸空气的鱼类穿过陆地到达新的有水洞穴

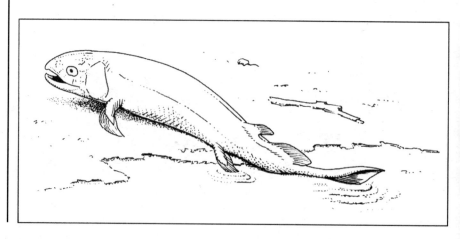

肉鳍鱼类和肺鱼的后代是约3.7亿年前在陆地居住的首批高等动物。在泥盆纪后期前，总鳍组鱼的后代进化为最早的两栖动物。它们的遗迹为化石记录提供了很好的证明。地质历史上没有任何其他时期有如此众多不同种类和不同寻常的生物居住在地球表面。

动物痕迹可以告诉我们最早的陆地入侵发生在哪个时期。最初原始泥盆纪鱼类冒险登陆到干燥陆地，随后出现了四脚两栖动物，泥盆纪鱼类的痕迹存在于后泥盆纪以前的地层中。因为两栖动物偏向于水中的生活，并且爬行动物增加，两栖动物的足迹约在3.5亿年前的石炭纪开始时变得数量众多，而在二叠纪时数量减少。然而由于脊椎动物骨架构造方式的原因，两栖动物的化石遗迹大部分是不完整的。大量容易被表面侵蚀分散的骨头几乎没有为它们的存在留下任何记录。

古老的红砂岩

约4亿年前到3.5亿年前，从志留纪后期开始一直持续到泥盆纪的时期中，现在的北美大陆东部和欧洲大陆西北部的相撞抬起了阿卡迪亚山脉（图103）。位于纽约州西南部到弗吉尼亚的阿帕拉契山脉中的卡次启尔岩层中包含一种陆地红层，这种红层是由砂石和用红色铁氧化物黏结的页岩组成的，是北美阿卡迪亚造山运动的主要体现。在造山运动达到顶峰时，伴随有大量的火成岩活动和变质运动。

泥盆纪的安特勒造山运动是另一个重大的山脉建造事件，它是由弧形列岛与北美西部边缘碰撞引起的。弧形列岛是约4.7亿年前脱离北美西部海岸而形成的。造山运动造成了从加利福尼亚与内华达边界直到爱达荷州大盆地区域岩石的严重变形。

从泥盆纪一直到石炭纪的英纽逊造山运动改变了现在的北美大陆北部边缘。山脉建造事件抬起了位于加拿大北极圈艾利思密尔岛的英纽逊山脉。这条山脉是由于与另外一个地壳板块撞击形成的，有可能是东部的西伯利亚大陆板块。在这个区域的山脉建造之后，接着发生了断层形成和盆地的填充过程。

泥盆纪中期的古老红砂岩位于英国和欧洲西北部，主要是非海洋沉积物的厚构造层组成（图104），这些红岩是一次被称作古苏格兰造山运动的山脉建造事件的主要标志。红岩地层是由古苏格兰山脉间聚集的数量巨大的

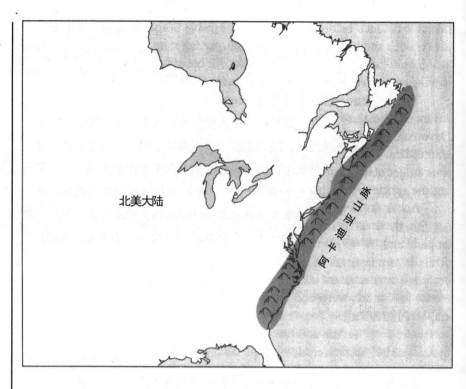

图103
北美大陆古老的阿卡
迪亚山脉的位置

北美大陆

阿卡迪亚山脉

沙子和泥土组成的，位于从英国直到斯堪的纳维亚的地区。沉积物被粗略地
进行了分选（根据大小不同），含有红色、绿色和灰色的砂石以及经常包含
鱼类化石的灰色页岩。

　　侵蚀作用使大陆变得平坦，浅海逐渐淹没了内陆直至淹没了超过一半的
陆地。内陆海洋、广阔的大陆边缘以及稳定的环境为海洋生命在全世界生殖
繁荣提供了有利条件。泥盆纪时期淹没北美大陆的海洋产生了大量珊瑚礁，
这些珊瑚礁可岩化为（变成岩石）广泛分布的石灰石（图105）。

　　位于内陆海洋东边升高后的阿卡迪亚山脉逐渐被侵蚀。沉积物在纽约州
西部产生了平坦且含有化石的页岩沉淀，有可能是世界上最好的泥盆纪横断
面。辽阔的查塔努加页岩层事实上覆盖了整个大陆内部，这些岩层在泥盆纪
和石炭纪时发生了下沉。海洋在泥盆纪后期时覆盖了欧亚大陆的大部分。由
古苏格兰山脉被侵蚀产生的岩石碎片组成的陆地碎片覆盖了大陆西部。

　　古生代的后半部分处于志留纪冰河时期之后，当时冈瓦纳大陆在约4亿
年前漂流到南部极地区域，形成了厚厚的冰原。位于南极的冈瓦纳大陆现在
已经改变了位置。它的位置可以通过古地磁数据来显示，通过分析古代富含
铁熔岩的磁极方向来指示大陆相对于磁极的位置。南部磁极从泥盆纪时期的

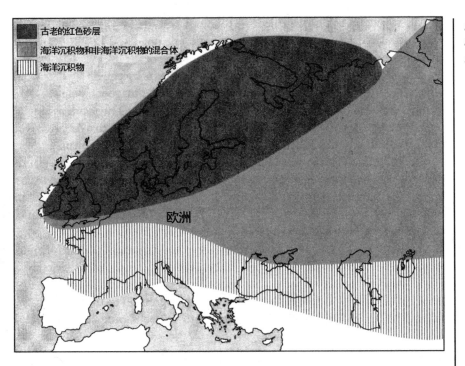

图104
欧洲北部古老红砂岩
的位置

图105
位于得克萨斯州克伯
森县的塞拉利昂迪亚
伯罗悬崖弯曲群中的
石灰石地层（照片提
供：P.B.金，承蒙美
国地质勘探局USGS允
许）

现在南非所在的地方开始漂流，在石炭纪时横穿南极洲，在二叠纪时在澳洲南部停止了漂流。

冰川沉淀的广泛分布、后古生代冈瓦纳大陆的侵蚀特性都说明了当时南极大陆所在的位置。4.4亿年前的奥陶纪后期和3.65亿年前的泥盆纪中期时的大规模灭绝都与冰川作用时期恰巧重合，而冰川作用是在长期无冰后发生的。

特提斯海洋隔开了南半球的冈瓦纳大陆和北半球的劳亚大陆（图106）。这条海道内流动着从周围大陆冲刷下来的厚厚的沉积物沉淀。它们积聚起来形成了海洋地壳中被称作地槽的长而深的凹陷处，当冈瓦纳大陆和劳亚大陆相撞时，地槽被抬升为折叠的山脉带。

北半球蒸发岩沉淀的广泛分布与加拿大北极圈的煤炭沉淀和碳酸盐珊瑚礁都表明了当时存在温暖气候和大片地区沙漠的环境。大量海洋石灰石、白云石、含钙页岩的存在都说明了当时常见的温暖温度。从阿拉斯加东北部穿过加拿大群岛直到俄罗斯最北部的延伸煤带说明这些区域曾经是大块的沼泽湿地。

蒸发岩沉淀通常在位于赤道南北30度范围的干旱条件下形成。但是大量的蒸发岩沉淀现在没有继续形成，说明现在的全球气候相对较冷。向北远至北极区域的古老蒸发岩沉淀的存在说明这些地区或曾经离赤道较近，或说明在地质历史上当时的全球气候更温暖。

通过对化石珊瑚中每日生长环进行测定，泥盆纪的一年有400天　月球

图106
约4亿年前，所有的大陆包围着被称作特提斯的古老海洋

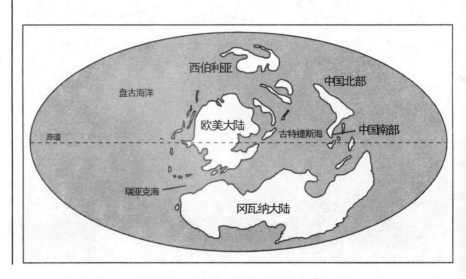

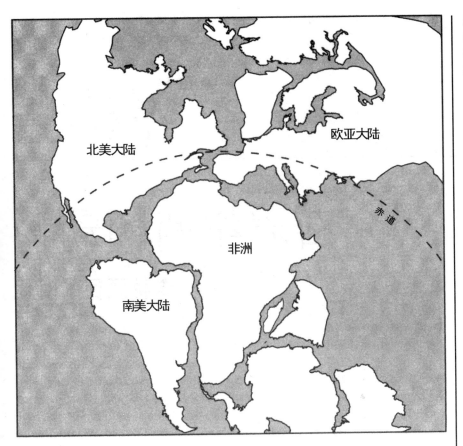

图107
在泥盆纪和石炭纪时
期，大陆相对赤道的
大概位置

公转周期约为30.5天。古地磁研究表明泥盆纪和石炭纪时期的赤道曾经位于
从加利福尼亚到拉布拉多以及从苏格兰到黑海（图107）的区域内。理想的
气候环境有助于定居到巨大石炭纪湿地中两栖动物的出现。

在了解了泥盆纪时的海洋和陆地生命后，下一章将研究石炭纪时期首批
两栖动物的进化过程。

8

石炭纪两栖动物

森林居民的时代

  本章介绍两部分内容：石炭纪成煤沼泽中两栖动物的进化和泛古陆的形成。从3.45亿年前至2.8亿年前的地质时代被称为石炭纪，其名称来源于大不列颠岛的威尔士的含煤岩层。在北美，石炭纪被进一步分为密西西比阶段和宾夕法尼亚阶段。泥盆纪出现的植物在石炭纪繁荣生长并分化为众多种类。在冈瓦纳大陆和劳亚大陆的早期石炭纪地层中广泛分布有由种子蕨和具有木制树干和种子的高等植物形成的煤层。

  除腕足类动物的种类和数量出现减少之外，存在于低古生代的海洋动物都在石炭纪繁荣生长。纺锤虫（Fusulinids）在石炭纪首次出现。这是一种体型巨大结构复杂的原生动物，其形状像麦粒，大小从微米尺度到3英寸（约8厘米）不等。原始两栖类生活的沼泽化森林地带充满了数百种嗡嗡叫的昆虫，包括大蟑螂和巨型蜻蜓。在石炭纪末期，地球气候变冷，冰雪覆盖了古大陆南方，最早的爬行动物开始出现并取代了两栖动物，成为占统治地位的陆生脊椎动物。

两栖动物的时代

在脊椎动物登上陆地的1亿年以前，绿色植物就已经在陆地上生长了。在两栖动物出现之前，包括鱼类在内的淡水脊椎动物已经在湖泊和溪流中繁衍生息了。到早石炭纪为止，脊椎动物已经在水下生活了1.6亿年，但却极少有登陆的尝试。肺鱼的近缘种在季节性干涸的池塘中生活，它们需要用原始的肺进行呼吸以便安全抵达邻近有水的池塘。

有一个广为传播的错误认识，认为陆生动物直接由鱼类进化而来，并在上岸后进化出四肢。然而，生活于距今3.7亿年前鲶鱼的远古祖先虽然终生生活在水中，但其鳍末端却具有复杂的指骨样骨骼。这种鱼可以长到8英尺（约2.4米）长，重达200磅（约50千克）。在最早的四足脊椎动物即所有两栖动物和爬行动物的祖先出现之前的数百万年，这种鱼就已经存在了。

这种鱼具有类似于人手的具有8个指头的复杂附肢，这表明一些鱼类在登上陆地之前就进化出了腿。带指鳍肢表明附肢中的骨骼是为水生生活进化出来的，而这远在其被用于陆地生活之前。在多水草的浅水溪流中行动和捕食时，长有这种鳍肢的鱼类较其他鱼类有很大的优势。而在那个时代，浅水沼泽也开始出现。带指的鳍肢可以帮助早期水生四足动物在布满植物的湿地中活动。最终，在这些水生四足动物的陆生后裔身上，鳍肢演变成了适于陆生生活的爪。

两栖鱼类（图108）可能几乎从不上岸，因为它们的原始附肢无法长时间支撑其身体，因此它们必须立刻返回水中。最终，等它们的四肢强壮之后，这些两栖鱼类进一步向有丰富甲壳类和昆虫的陆地进发。到中泥盆纪它们已经统治了陆地，而石炭纪的大沼泽则更吸引了它们进行聚居生活。

3.35亿年前，两栖鱼类进化成了原始两栖类。原始两栖类在进化上分为两支，一支进化为两栖类，另一支进化为爬行动物、恐龙、鸟类和哺乳动物。在这些两栖类中，包括巨大的蝾螈，它们体长3~5英尺（约0.9~1.5米）并具有强壮且带齿的爪；有的体长2英尺（约0.6米），具有类似狈獀的

图108
两栖鱼类是最早的四足动物

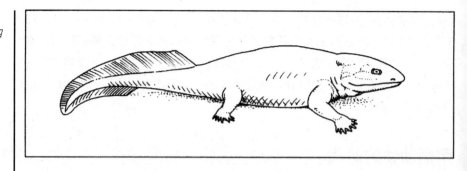

鳞片，以土壤中的蠕虫和蜗牛为食。在石炭纪早期，陆地上还没有出现可食的大型动物，而陆生脊椎动物还没有进化出消化植物的能力。因此它们的食物仅限于包括马陆、蜈蚣和早期昆虫等在内的无脊椎动物。

已知最早的四足动物是棘螈 （Acanthostega）（图109），意为带刺的鳞片。本质上这是一种水生动物。它的体形类似蝾螈，头部扁平，眼睛长在头顶。当它潜伏于水底淤泥中时，眼睛可以发现从上方游过的猎物。它的前足为8趾，后足为7趾。这可能是最原始的用于行走的足。它的脚趾结构复杂，具有多个关节。但由于腕关节不够坚固，它的腿无法用来在地面行走。骨骼其他部分的解剖特征也显示它难以在地面上行走。它很可能生活在浅水中，在水底爬行并用鳃呼吸。

已知最早的两栖类是一种早期登陆的脊椎动物，被命名为鱼石螈（Ichthyostega），意为鱼鳞。它的生活中有一半时间待在水里，另一半时间

图109
棘螈用有八个脚趾的足在环礁湖底部行走

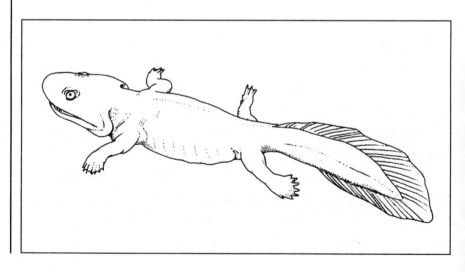

在陆地上。它的大小与狗相近，有一个宽而扁类似鱼类的头和一个带鳍的尾，后者应该是用于游泳的。它具有强壮的肋骨，可以在陆上支撑它的内脏器官。它可以用原始的足爬行，后腿有7趾。早期两栖类中的一些种类具有6趾或8趾，这说明在早期登陆的脊椎动物进化中，发育模式是多变的。但后来的陆生脊椎动物每足的脚趾不超过5个。

棘螈和鱼石螈都只能在陆地上勉强爬行。它们前肢骨骼宽阔且呈水滴状，不适于行走。它们的后肢向两侧张开，不易于支撑身体。它们的脊柱不如陆生四足动物牢固，而类似于鱼类，因而不足以在陆地上支撑身体。

一种名为鳞鲵目（microsaur）的小型类两栖动物只有不到6英寸（约15厘米）长，与相应的水生物种相比小了很多。它们属于3亿年前最早登上陆地的四足脊椎动物。这种动物具有形态独特的脊椎骨，其简化的头骨只由1块骨骼组成，而不是通常的3块。它的头骨通过一对棒状骨骼与第一块脊椎骨相连，因此它的头只能上下转动。捕食鳞鲵目的体形更大更原始的两栖动物身上也具有这些特征。

早期两栖类孱弱的四肢无法支撑其身体离开地面，因此它们的爬行缓慢而笨拙。它们行走留下的痕迹宽阔，步伐较小。这些动物步伐笨拙，因此通过奔跑捕猎或逃脱捕猎是不可能的。为了在没有速度和敏捷性优势的情况下成为成功的捕食者，两栖类进化出了独特的鞭子形状的舌头，可以急速甩向昆虫并将其送入嘴中。这种成功的进化使两栖类迅速遍布了陆地。

虽然两栖类具有可在陆地行走的足，但它们大多数时间仍然待在河流和沼泽中。它们需要水来保持皮肤的湿润、维持正常的呼吸以及进行繁殖。它们和鱼类一样产小型的无外壳的卵。卵孵化后，其幼体成为类似鱼类用鳃呼吸的水生动物。成熟过程中，它们将变态，成为呼吸空气并具有四肢的成年个体。

早期两栖类生活于晚泥盆纪。这时，脊椎动物首次从海洋走向陆地，但大部分时间仍生活在水中。到古生代晚期，大的沼泽干枯，半水生生活习性导致了这些物种的灭绝。它们的近亲——爬行动物对完全脱离水环境的陆地生活更加适应，因此迅速占领了两栖类灭绝后留下的空白。

两栖类足迹遗存常见于石炭纪，但在二叠纪却较少见。原因是它们的地位被爬行动物取代，且它们更偏好生活在水中也使它们的栖息地越来越少。从石炭纪到二叠纪逐渐增加的爬行动物足迹遗存表明了爬行动物的兴盛和两栖动物的衰落。爬行动物兴盛的主要原因可能是它们在运动方面的优势。另外，爬行动物可以适应永久性的陆地生活，而两栖动物需要不时回到水中。

两栖动物的数量在中生代继续下降，所有大型的具有扁平头部的物种都灭绝了。在这之后，两栖动物的代表是我们熟悉的蝾螈、蟾蜍和蛙等物种。这些物种的化石多呈碎片状，因为脊椎动物的骨架是由大量骨骼组成，容易被地质侵蚀作用损坏。虽然两栖动物没有完全占领陆地，但它们的近亲—爬行动物注定要演绎进化史上最伟大的成功。

煤炭大森林

中生代后半期，陆地上升的同时海平面下降。这导致一些海域被隔绝在内陆，形成了巨大的沼泽。3.15亿年前，广阔的森林在这些沼泽中生长起来。横跨赤道两侧的泛古陆热带区域被这些森林区域贯穿，形成了广阔的热带森林带。

在中生代中期，陆地植物丰富多样。这个时期最重要的进化事件是维管束的出现，它的功能是将水分输送到植物的末端。早期的石松、蕨类和木贼等是最早的维管束植物。早期的陆生植物分化成两支，一支是石松类，另一支是裸子植物。裸子植物是许多现代陆生植物的祖先。裸子植物包括在二叠纪出现的苏铁、银杏和松树等，它们能够产生没有果实包裹的种子。

随着植物的稳步进化，煤炭大森林遍布了整个大陆。树林中的植物包括种子蕨和真正的种子植物——具有木制树干、会结种子的裸子植物。3.7亿年前，欣欣向荣的绿色森林植被覆盖了地球。石松类在古老的大沼泽中占据了统治地位。它们的叶片一般较小，树干可以长到130英尺（约40米）高。它们是最早发育出真正根系和叶子的树。它们的树枝呈螺旋状排列，孢子附着于特殊的叶子上，这些叶子后来进化为最早的球果。它们的树干主要由树皮组成，在大部分区域内分枝很少，这使它们看上去像电线杆组成的森林。只有在生命末期，石松才会长出一小丛枝条用于繁殖。

在这种森林里生活的动物有巨型昆虫和千足虫、"会行走"的鱼类和原始的两栖动物等。3亿年前统治天空的是翼展3英尺（约0.9米）的蜻蜓、燕子般大小的蜉蝣和其他巨大的昆虫。3亿年以来，植物和昆虫之间的斗争是地球上持续时间最长的战争之一。一些最激烈的战斗发生在热带地区。饥饿的昆虫猛烈攻击植物，植物则用包括化学武器在内的各种武器保护自己。

昆虫的巨大成功应归功于大气中丰富的氧。在石炭纪大气含氧量可能高达35%，而现在只有21%。高氧环境中，体形大的昆虫更具优势。高氧环境也为原始两栖类肺的发育提供了机会，使它们在陆地上永久站稳了脚跟。然而2.45亿年前高氧时代结束了，大气氧含量下降至15%。这有可能是导致二叠纪末期物种大灭绝的原因之一。

　　数百万年的时间中，石松类植物经历了海平面和气候变化引起的大沼泽干涸和泛滥。3.1亿年前，热带气候变得干燥，大部分沼泽彻底消失了。气候变化导致了2.8亿年前二叠纪早期几乎所有石松类植物的灭绝。现在，它们中只剩下生长在热带的类似草的一些种类。后来在石炭纪气候重新变得湿润，种子蕨（图110）统治了古生代的沼泽湿地。

　　现存的第二大植物类群是真蕨类，它们从泥盆纪一直生存到现在。它们在中生代分布极为广泛，即使在海拔最高的地区，只要气候温和，它们也可以繁荣生长。然而现在的真蕨类只生长于热带地区。有些远古蕨类和今天的树木一样高。二叠纪的种子蕨舌羊齿是其中特别值得关注的一种。它的叶片化石遍布原属冈瓦纳古陆的大洲，但没有出现在原属劳亚陆的大洲上。这说

图110
宾夕法尼亚州法叶特县的树木蕨类脉羊齿的化石叶子

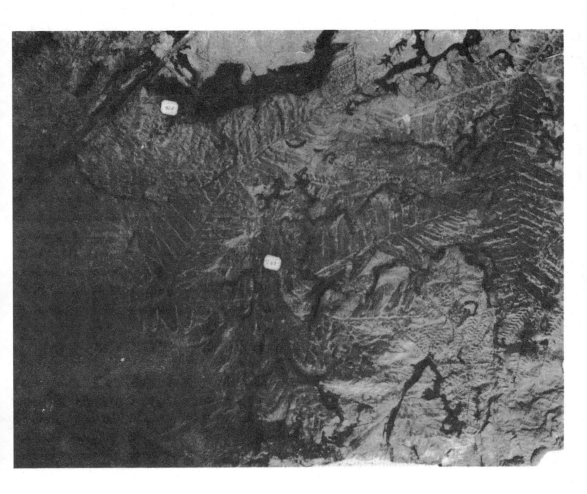

明这两片古大陆分别属于被古地中海分开的两部分世界。古地中海东部较宽而西部较窄，西部的大陆桥帮助动植物在大洲之间迁徙。

陆地植物的化石不如海洋植物丰富，最直接的原因是陆地植物不像海洋植物那样容易形成化石，而且陆地上蕴藏化石的沉积物也容易受到侵蚀。然而，沼泽湿地类的环境却可以形成大量的动植物化石。保存完好的碳化植物常见于易于区分的沉积层之间（图111）。动物也在古老的煤炭大沼泽中被掩埋，它们的骨骼可能被很好地保存成为化石。

化石燃料

石炭纪和二叠纪的有机物掩埋率在地质史上是最高的。广阔的森林和沼泽互相交替，厚厚的泥炭层不停增加，并被多层沉积物所覆盖。地层的重量和地热将泥炭压缩到原始体积的5%，使其变成褐煤、生煤或无烟煤。

地球上煤的保存量远超出其他所有化石燃料的总和。它们足以支撑本世

图111
阿肯色州华盛顿县的上波茨维尔系列的化石化植物（照片提供：E.B.哈丁，承蒙美国地质勘探局USGS允许）

图112
蒙大拿州西迪克尔矿的露天煤矿（照片提供：P.F.纳滕，承蒙美国地质勘探局USGS允许）

纪能源消耗的巨大增长。考虑经济成本因素，煤的可开采储量有1万亿吨。美国拥有大量未开采的煤炭资源（图112）。由于煤是最廉价且储量最丰富的化石能源，它是石油储量下降后最好的替代能源。但由于煤燃烧造成的污染比其他化石能源更严重，因此以煤为燃料的工厂需要新的净化技术。

古生代沉积物形成了世界大部分的石油储量，这说明当时海洋生物的繁盛发展。石油和天然气的形成需要特殊的地质条件。这些条件包括有机物的沉积、作为容器的多孔岩石以及保存沉积物的陷阱式边界结构。油气的原料是存在于纹理细腻、含碳量丰富的沉积物中的有机碳。诸如砂岩和石灰石的多孔、可渗透的沉积岩石都是容器。沉积层在折叠或断层作用下形成的地质结构可以像陷阱或池塘一样保存石油和天然气。

形成石油的有机物质主要来源于海洋上层水域的微小生物。它们在海底的微粒上富集。有机物质要变成石油，需要满足以下两个条件之一：沉积速率很高或海底含氧量很低。这样有机物才不会在被掩埋之前氧化，因为氧化造成的分解作用会破坏有机物质。因此，沉积速率高且沉积物有机物质含量丰富的地区最容易形成含油地层。

掩埋于沉积盆地中的有机物质在地球内部的高温高压环境中会发生化学变化成为烃。如果此作用过于强烈，则会形成天然气。石油常在厚的盐层上形成。因为盐比沉积物轻，因此会上浮形成盐盖，有助于保存石油。

烃挥发物（包括液体和气体）和沉积物中的海水会一起向上移动，陷阱式的地层结构则形成阻挡其进一步迁移的屏障，使其聚集在陷阱结构中。在没有顶盖的结构中，烃挥发物将继续向上移动直至从地层中逃逸。同时，很多石油因为狭窄结构的侵蚀和抬升作用造成的容器损坏而流失。有机物质形成石油需要的时间从数千万年至数亿年不等，这主要取决于沉积盆地的温度和压力等条件。

石炭纪冰河作用

陆生植物最早出现于4.5亿年前，在石炭纪繁荣生长并分化成众多种类。石炭纪早期，种子蕨和种子植物树木形成的森林已迅速蔓延并广泛分布于冈瓦纳和劳亚古陆。原始两栖类栖息于沼泽森林。这些森林中分布着数百种昆虫，包括巨大的蟑螂和蜻蜓。在石炭纪末期，气候变冷，冰河覆盖了古大陆南部，最早的爬行动物开始出现。它们逐渐取代两栖动物成为陆生脊椎动物中的优势物种。

在2.9亿年前的石炭纪晚期，冈瓦纳古陆位于南极区域。冰河以大陆南部为中心扩张，形成了冰碛岩的堆积和古岩石上的冰川划痕。被运动冰河严重划伤的岩石显示出冰流动的轨迹是从赤道移向极地。这在现在的环境下是不可能的。在许多地区，冰似乎是从海洋向大陆流动，这也是不可能的。合理的解释是，南方大陆整体向南磁极移动，而巨大的冰块正好划过现在大陆的边界。

冰河堆积作用和海洋沉积作用互相交错。巨石打乱了其堆积位置原先的沉积，这表明它们是从冰筏中掉落到海底的。显然像今天巨大的南极冰架一样，那时的冰盖也是从大陆边缘一直向外延伸的（图113）。当冰山脱离冰块熔化时，其中包藏的碎片残骸会掉到广阔海域的海底沉积物上。

漂砾是一种奇特的大石块。在同一大陆上很难找到与其相似的岩石，而它却与其他大陆上常见的岩石相似。冰川堆积物被埋藏在一系列厚厚的陆相沉积物之下，上面覆盖着大量喷出的火山岩浆形成的玄武岩。火山石上覆盖

图113
*南极洲维多利亚地丹
尼尔半岛上的冰架
（照片提供：W.B.哈
密尔顿，承蒙美国地
质勘探局USGS允许）*

的是含有相似植物化石的煤床。

现今赤道地区的冰河堆积显示那里曾经很寒冷。而极地地区的珊瑚礁化石和煤炭则显示那里曾经是热带气候。另外，北极的盐沉积说明那里曾经是沙漠气候。这些现象背后有两种可能的原因：各地的气候发生了戏剧性的变化，或大陆相对赤道的位置发生了改变。

冰河时代早期，大的冰河作用主要发生在现在的南美洲和南部非洲。之后随着大陆向南移动，主要的冰河作用中心转移到了现在的澳大利亚和南极大陆地区。这表明组成冈瓦纳古陆的南方大陆曾在南磁极附近徘徊。而大陆在磁极附近的移动常常导致冰河作用的延长。这是因为高海拔地区对阳光的反射率较高，对热的吸收较低，促进了冰的形成和堆积。

冰盖曾经覆盖了南美洲中东部、南部非洲、印度次大陆、澳大利亚和南极大陆的大部分地区。在澳大利亚，海相沉积物和冰川堆积物交错层积。冰碛岩被煤炭层分隔开。这说明冰川期中穿插着温暖的间冰期，森林在间冰期时生长。在南部非洲的干燥台地高原，沉积着一系列晚古生代冰川堆积物和煤层，沉积的面积有上千平方英里，厚度达到2万英尺（约6 000米）。在这些煤层中有舌羊齿的叶子化石。这些化石在南部大陆的广泛分布是大陆漂移学说的最佳证据之一。

冰河时期出现的原因可能是大气中二氧化碳含量的下降。生命出现之后二氧化碳在地层中的固化可能是导致地球上的每一次大冰期出现的关键因素。晚古生代时期遍布陆地的大森林储存了大量的二氧化碳。4.5亿年前，植物登上陆地并蔓延到整个大陆。石炭纪繁茂的森林在它们的木质组织里储存了大量的碳元素。埋藏在沉积物中的植物组织被压缩转换成厚厚的煤层（图114）。大气中二氧化碳含量的下降导致温室效应的削弱，进而引起气候变冷。

大陆边缘逐渐变得狭窄，将海洋居住地挤压成近岸区域。这可能对古生代末期的物种大灭绝有一定影响。与之形成对比的是，3.3亿年前影响广泛的石炭纪冰河期没有重大的物种灭绝发生。这也许是因为晚泥盆纪的物种大灭绝已经消灭了大部分脆弱的物种。

冰河期过去之后，最早的爬行动物开始取代两栖动物成为陆生脊椎动物

图114
蒙大拿州的小波德河煤田厚厚的煤层（照片提供：C.E.多宾，承蒙美国地质勘探局USGS允许）

中的优势种类。热带气候变得更干燥，沼泽地开始消失。随着气候变冷，曾被煤炭沼泽覆盖的陆地开始变得干燥。

泛古陆

在3.6亿年前和2.7亿年前之间，冈瓦纳大陆和劳亚大陆合并形成超大陆泛古陆（图115）。这个名称来源于希腊语，意为"所有的陆地"。这片大陆的面积约为8，000万平方英里（约2亿平方千米）——相当于地球表面积的40％。它横跨赤道，几乎延伸到两个磁极，在南北半球的面积大致相等。而今天2／3面积的大陆分布在北半球。由于所有大陆都挤在一起，一个单一连续的大洋出现在地球上，它被命名为泛大洋（Panthalassa）。接下来的一段时期，泛古陆仍陆续与小片的陆地碰撞合并，其面积在2.1亿年前的三叠纪末期达到最大。

大陆之间的碰撞不断挤压地壳并将大量巨大的石块推到世界各地的山脉上（图116）。火山喷发也是大陆频繁碰撞的结果。大陆板块运动活跃的时期，火山活动也增加。这种现象在两种情况下特别剧烈：一是当新的海底地壳形成时，发生在延伸的海底山脉中；二是在旧的海底地壳被破坏时，发生

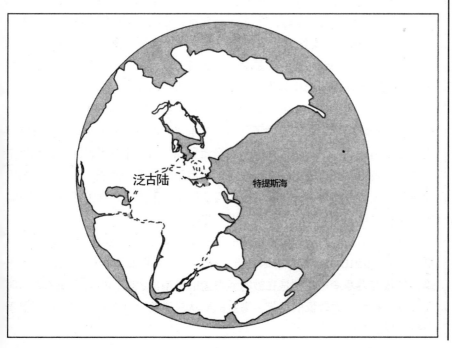

图115

2．5亿年前的超大陆——泛古陆
(Pangaea)

图116
大陆碰撞形成的主要
山脉带

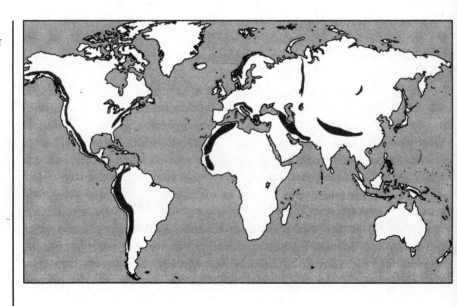

在潜没区域。火山活动改变了造山运动的速度和大气的成分，而后者对气候有着巨大影响。

冈瓦纳古陆和劳亚古陆合并形成泛古陆时，板块碰撞导致了阿巴拉契亚山脉和沃希托（Ouachita）山脉的形成。劳亚大陆逐渐与西伯利亚相连，挤压形成了乌拉尔山脉。接下来，弧形列岛与北美大陆的碰撞导致了内华达州的索诺马（Sonoma）造山运动。这与2.5亿年前泛古陆的形成恰好在同一时期。

在3亿年前的石炭纪，北美洲横跨赤道，其地域从墨西哥北部延伸到加拿大东部。人们相信那时北美是潮湿的热带气候。一个与今天的亚马逊河规模相仿的水系从古阿巴拉契亚山脉发源。它流过20英里（约30千米）宽的河谷，流向整个大陆。一个流域面积相当于今天密西西比河的水系，从加拿大的海洋省份发源。它向南流过了2，300英里（约3，700千米）之后，最终消失在今天阿拉巴马州和密西西比州的沿海平原。另一个水系发源于魁北克中南部，一直流到阿肯色州。在石炭纪早期海平面较低的时候，这些河流的规模达到最大。当海平面升高后，这些河流泛滥，形成了广阔的沼泽。形成煤的泥炭在早期的美洲大陆上逐渐沉积形成。

在分开冈瓦纳古陆和劳亚古陆的特提斯海洋中，沉积物升起，形成了包括南欧古海西山脉在内的山脉。当大陆升高、海平面降低时，陆地变得干燥，气候变得寒冷，特别是在被冰河覆盖的极南部大陆。所有已知的冰河时期都发生在海平面较低的年代。海盆的形状对洋流有巨大的影响，进而显著影响气候的变化。

特提斯海洋的消失使一个阻挡物种迁徙的主要障碍不复存在，许多物种散布到世界各地（图117）。当所有大陆合并成为泛古陆后，植物和动物在海上和陆地都产生了丰富的多样性。泛古陆的形成标志了生物进化史中一个重要的转折点，在这一时期，爬行动物成为优势类群，占领了陆地、海洋和天空。

围绕泛古陆的边缘都分布着浅海，因此没有大的物理屏障阻挡海洋生物的扩张。同时，海洋的范围被海盆限制，而大陆架则更为开放。大陆边缘地域狭窄，其海生生境被限制在近岸地区。因此，浅水海洋生物的栖息地是有限的，

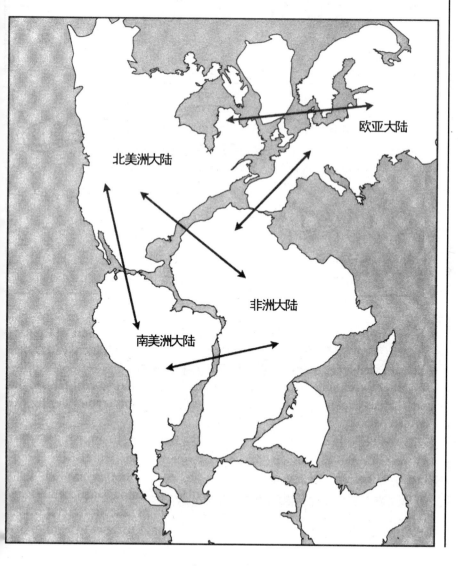

图117
物种迁移的地理效应

图118
雷塞兽可能是成群进行捕食的爬行动物

这导致它们的生物多样性不高。这使得当时海洋生物分布范围广但种类不多。

在纬度靠北的地区，原始针叶裸子植物、木贼和石松类植物长成30英尺（约9米）高的树木，占据了多山的地形。中亚的内陆地区冬季极冷而夏季极热，很可能没有草类生长。因为这些地区已经超过1亿年没有生长草，上面只零星生长着类似竹子的木贼类植物和长成灌木丛的种子蕨，这种植物类似现在的树蕨。

成群的麝足兽（moschop）（一种爬行动物）在种子蕨群落中活动，这种爬行动物长16英尺（约5米），头骨很厚，用于繁殖期争斗中的冲撞，与现代的一些动物行为类似。它们是雷塞兽（lycaenops）（一种爬行动物，图118）的猎物。这种爬行动物具有类似狗的体型和从嘴中突出的长犬齿。类似哺乳类的爬行动物二齿兽（dicynodont）具有两颗尖利的獠牙，在河岸捕食小型动物。小型的爬行动物则和现代的蜥蜴一样捕食昆虫。

泛古陆的气候呈现出极端分布，南北部比西伯利亚更寒冷，中部沙漠比撒哈拉更炎热，几乎没有生物生存。大陆的聚集产生了地质史上前所未有的干旱、炎热和季节性分明的气候。这可能是导致泛古陆形成3,000万年后大部分陆生动物大灭绝的原因。泛古陆在此后的4,000万年仍保持着一整块的状态，然后分裂形成今天的大陆。

在考察了石炭纪煤炭森林的两栖动物之后，下一章将探索它们的近亲——爬行动物在二叠纪时的进化。

9

二叠纪爬行动物

沙漠居民时代

本章介绍二叠纪时期爬行动物的进化，并且讨论地球历史上最重大的大规模灭绝。从2.8亿年前到2.5亿年前的二叠纪是以俄罗斯行政区彼尔姆的乌拉尔山脉西侧暴露在外的海洋岩石序列和陆地红层命名的。二叠纪时期的岩石在北美西部是截然不同的，尤其是在得克萨斯州、内华达州和犹他州（图119）。油类和天然气的重要储藏位于得克萨斯州和奥克拉荷马州的二叠纪盆地。二叠纪时期广泛的煤炭沉积存在于亚洲、非洲、澳洲和北美等地。

在二叠纪时，所有主要的大陆组合为超大陆泛古陆，广泛分布的山脉建造和大量的火山活动十分普遍。大部分的泛古陆内部是沙漠，使得两栖动物

图119
犹他州韦恩郡和加菲尔德县的以亨利山脉为背景的费利蒙峡谷（照片提供：J.R.史黛西，承蒙美国地质勘探局USGS允许）

开始减少，却有利于爬行动物的兴起。在二叠纪末期，可能是地球上已知的最重大的灭绝消灭了超过95％的物种，为恐龙统治地球铺好了道路。

爬行动物时代

开始于二叠纪并延续了2亿年的爬行动物时代见证了约20个目爬行动物家族的进化。由于对水中生活的偏向性，在石炭纪非常著名的两栖动物在二叠纪时大量减少。当石炭纪湿地干枯并且大部分被沙漠取代后，两栖动物为能良好适应更干燥气候的爬行动物让路。在二叠纪的后期，爬行动物接替两栖动物成为中生代时期占统治地位的陆地动物。中生代普遍温暖的气候对爬行动物来讲是有利的，这可以帮助它们在陆地更好地生存。

石炭纪和二叠纪沉积物中爬行动物化石足迹数目的增多说明了爬行动物的增加和两栖动物的减少。爬行动物的优势大部分归功于它们更有效的运动方式。甚至在2.9亿年前的早期，就有两足的小型爬行动物，依靠两条腿移动（图120），这是当时最快的移动方式。它们需要这样的速度不仅是为了追捕到猎物，也是为了逃脱包括一种凶猛的二叠纪食肉动物——异齿龙在内的不同种类食肉型爬行动物的袭击。

两足性最有说服力的证据是后肢的长度比前肢长很多，这样用四足行走会较为笨拙。当时有许多的二足群体，是最原始的爬行动物谱系之一。二足群体产生了恐龙、鸟类和大多数现存的爬行动物，包括鳄鱼、蜥蜴和蛇等。爬行动物更加适合于全天在干燥陆地上的生活。相反，两栖动物要依靠近处的水源来润湿自己的皮肤并且进行繁殖。

相对两栖动物来讲，爬行动物脚的出现是一个重大进步，爬行动物改变了脚趾的形式、出现了类似大拇指的第五趾，并且出现了脚爪。在一些爬行动物身上，足迹变窄，同时跨步变长。其他动物保留了四足行走步法，依靠

图120
小个的食草弯龙是后来许多恐龙的祖先，依靠后腿行动而获得速度和敏捷性

153

后腿的跳跃来奔跑。尽管在后二叠纪前，大多数爬行动物依靠全部四足来行走或者是奔跑，但当需要速度和敏捷性的时候，一些较小的爬行动物经常依靠后腿站立。站立时身体重心在臀部上，长长的尾部可以平衡近乎直立的躯干。这种姿态使得前肢可以自由袭击小型的猎物和完成其他有用的任务。

爬行动物有助于保持动物体液的鳞，相反，两栖动物具有必须经常被润湿的可渗透性皮肤。相比两栖动物的又一重大进步是爬行动物的生殖模式。与鱼类相似，两栖动物在水中产卵。孵化后，年幼的两栖动物要靠自己谋生，经常成为肉食动物的猎物。爬行动物的卵有坚硬的防水外壳，因而可以被产到干燥的陆地上。爬行动物属于羊膜动物群体，这个群体还包括鸟类和哺乳动物。羊膜动物是从两栖动物进化而来的具有复杂的卵的动物。爬行动物的父母能更好地保护自己的年幼后代，使后代具有更大的生存机会，促成了爬行动物在陆地生活的巨大成功。

与鱼类和两栖动物类似，爬行动物是冷血的，冷血是一个具有误导意义的词，因为它们会从环境中吸取热量。因而，在岩石上晒太阳的爬行动物的血液实际上会比温血的哺乳动物的血液热。高的体温对爬行动物的重要性和对哺乳动物的重要性是一样的，都是为了获得最大的代谢效率。在寒冷的早晨，爬行动物懒散而且容易受到肉食动物的袭击。它们会晒太阳直到自己的身体温暖起来并且它们的代谢能够以最高的效能来运行。

爬行动物仅仅需要哺乳动物生存所需食物数量的1/10，因为哺乳动物将它们的大多数卡路里用来保持高的体温。哺乳动物全部的能量消耗是同样重量爬行动物的10到30倍，而氧气吸收量约为20倍。因此，爬行动物能够生活在沙漠和其他荒凉的地方，能够以少量的食物繁荣发展，而同样的食物将使得同样大小的哺乳动物深受饥饿之苦。中生代相对温暖的气候对爬行动物来讲是非常有利的，可以帮助它们在陆地定居。相反，两栖动物要躲避直接日晒，行动迟缓且体温相对较冷，这种气候条件对它们是不利的。

许多早期的爬行动物进化为了某些最奇异的生物。长颈龙是可能曾经存过的最奇怪的爬行动物，绰号为"长颈的蜥蜴"。这种动物从头部到尾部有15英尺（约5米）长，以其奇特的长颈而闻名，颈部有躯干的两倍多长。当长颈龙成熟时，它的颈部会以比身体其他部分快很多的速度生长。显然，这种爬行动物是水生的，因为它在陆地上不可能支持如此长颈部的重量。长颈龙可能是将颈部向下伸展并在底部沉积物中寻找食物的。

植龙是带有巨大的沉重装甲和锋利牙齿的食肉型爬行动物。与鳄鱼类似，植龙有细长的嘴、短腿和长尾巴，但是与鳄鱼并没有密切关系。它们由槽齿类进化而来，槽齿类也是鳄鱼和恐龙的祖先。植龙盛行于后三叠纪，进化非常快，但是显然没能生存度过这段时期的末期。

临近三叠纪末期，当爬行动物成为动物王国的领导者，并且占领陆地、海洋和天空时，一种被称作是鳄目动物的奇异爬行动物群体开始出现在化石记录中。鳄目动物起源于冈瓦纳大陆。鳄目动物包括有钝而生硬的头部的短吻鳄、有细长头部的鳄鱼以及有极其狭窄头部的大鳄鱼等。因为它们有类似鲨鱼的尾部、流线型的头部和进化为游泳桨状物的腿部这个群体的成员动物能够适应干燥陆地的生活、半水生的生活或完全水生的生活。

与约1亿年前生活在白垩纪的许多陆地动物相似，鳄鱼可以生长到巨大的尺寸，这可以通过在巴西南部发现的40英尺（约12米）长的化石来证明。在西非尼日尔的下白垩纪发现了类似大鳄鱼的庞然大物的化石，长度测量约35英尺（约10.5米）。巨大的重达3吨长30英尺（约9米）的鳄鱼曾经一直威胁着白垩纪湿地，可能曾经捕食过中等大小的恐龙。

鳄目动物在过去的2亿年间发生了相当大的多样化。它们扩展到世界的所有区域，适应了各种各样的居住地。在北美高纬度地区发现的鳄鱼化石（图121）表明了当时中生代时期温暖的气候。鳄鱼、恐龙和翼龙都属于初

图121
犹他州尤盈塔山脊上的秦里地层，在这里发现了鳄鱼化石（作者提供照片）

龙次亚纲，字面的意思是"占统治地位的爬行动物"，鳄鱼是其中唯一熬过了白垩纪末期大干旱生存下来的动物。

包括类似海蛇的蛇颈龙、类似海牛的盾齿龙以及类似海豚的鱼龙在内的爬行动物回到了海洋中与鱼类竞争大量的食物。厚皮恐龙，意为"有厚肋骨的蜥蜴"，是9英尺（约2.7米）或者更长的食肉类海洋爬行动物。它们类似蛇颈龙，有厚而重的肋骨，可能是用来容纳非常巨大的肺部和为了在很深的地方捕获猎物而用来做镇重物的。

类似鲨鱼的鱼龙（图122），名字在希腊语中是"鱼类蜥蜴"，是快速游动的海洋食肉动物，它能压碎猎物外壳，以菊石为猎物。鱼龙会从猎物无防备的一面刺穿其外壳，使其充满水并且沉到底部，然后在底部对猎物进行正面袭击。菊石化石外壳上穿孔痕迹分隔开的距离与化石鱼龙牙齿的分隔距离相同，说明这些具有高度攻击性的食肉动物可能曾经在中生代末期前加速了大多数菊石物种的灭绝。

盾齿龙是一群具有巨大扁平牙齿、矮而肥胖的海洋爬行动物。它们可能主要以双壳类动物和其他软体动物为食。几个其他的爬行动物物种也进入了海洋，包括非常原始的蜥蜴和海龟。许多现代的巨大海龟是那些海洋爬行动物的后代。但是，只有最小的海龟在白垩纪末期灭绝中生存了下来。

海龟是鳄鱼现存的最亲近的亲缘动物，是另一个极其成功的水生爬行动物。相对其和蜥蜴、蛇类和鸟类的亲近度来讲，曾经毫无损伤经历灭绝的鳄鱼与海龟更亲近。海龟是一个被称作是无孔亚纲的、在头骨侧面没有孔的古老群体的后代，因为现存的术语为双窝型的爬行动物和鸟类在它们头骨的侧面都有两个孔，所以海龟曾一度被认为是现代爬行动物中的外来者。

图122
鱼龙是返回到海洋中呼吸空气的爬行动物

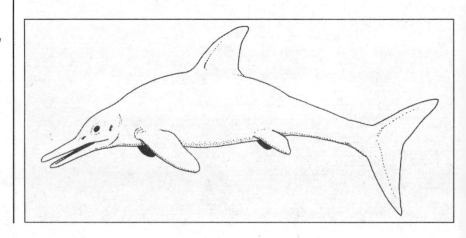

类似哺乳动物的爬行动物

类似哺乳动物的爬行动物是从爬行动物到哺乳动物转化过程中间的动物。在南极洲的南极洲纵贯山脉中发现了长有巨大的向下长牙、被称作水龙兽的一种类似哺乳动物的爬行动物的化石骨头。化石的存在为南极洲大陆曾经与南非大陆和印度大陆连接在一起的说法提供了强有力的证据。作为哺乳动物的祖先，水龙兽曾经是陆地上最为常见的脊椎动物，在泛古陆上都有发现。一种被称作是二齿兽的类似哺乳动物的爬行动物也有两个类似犬齿的长牙，以捕食河岸的小动物为生。

盘龙是约3亿年前从基本的爬行动物血统中分离出来的首批动物。巨大的体型和各式各样的捕食对象使得它们有别于其他爬行动物。最早的食肉动物能够杀死包括爬行动物在内的相对大的猎物。被称作是异齿龙的盘龙（图123）的长度可达约11英尺（约3.3米）。异齿龙有由血液供给很好的膜网组成的巨大背鳍，背鳍在突出的脊骨上伸展，可能是用来控制温度的。当动物感到寒冷时，它会将自己的身体全面朝向太阳，以吸收更多的阳光。当动物感到热时，它会寻找阴凉的地方，或者将自己暴露在风中。这样的附属器官可能是哺乳动物温度控制系统的粗略原型。

当气候变暖时，盘龙失去了它们的鳍，可能已经具有了某种程度的控制内部温度的能力。它们繁盛存在了约5,000万年。随后便让步给它们的后代——被称作是兽孔目爬行动物的类似哺乳动物的爬行动物。首批兽孔目爬行动物保留了盘龙的许多特征，腿部更加适应非常高的奔跑速度。它们的大小从小到一只老鼠到大到河马之间不等。

早期类似哺乳动物的爬行动物在二叠纪开始时侵占了南部大陆，当时上述陆地正在从石炭纪的冰河作用中恢复过来。这意味着动物已经有足够的能力来抵御寒冷。它们可能经历了某些生理适应，使得自身能够在寒冷冬季的冰雪中进食和活动。它们显然太过庞大而不能冬眠，这可以由它们骨头上没有生长环来证明，生长环与树木年轮相似，可以标记生长中的季节变更。迁移到较为寒冷的气候中之后，更高等兽孔目爬行动物的身上发育出了皮毛。兽孔目爬行动物可能也比大多数现存的哺乳动物更能够在较低的体温下生存，以便保存能量。

类似哺乳动物的爬行动物家族明显是从爬行动物到哺乳动物的转化证明。哺乳动物是由类似哺乳动物的爬行动物经历1亿多年的时期进化而来

图123
异齿龙利用背上巨大的背鳍来控制自己的身体温度

的。在那段时期，动物适应了在陆地环境，以便能更好发挥自身功能。以牙齿为例：由在动物一生中重复替换的简单锥体进化为成熟后仅替换一次的更复杂形状。但是，哺乳动物的下颚和头骨的其他部分仍然与爬行动物有许多相似之处。

哺乳动物是完全温血的。温血的优势是显而易见的。在有限的温度范围内微调控制的稳定身体温度提供了较高代谢比率，而这是不依靠外部温度的。因此，腿部、心脏和肺部的输出功率大大提高，给予了哺乳动物在外活动和抵御爬行动物的能力。巨大爬行动物热量损失的原理，即大的身体比小的身体散发更多的热能，对大型爬行动物和哺乳动物都同样适用。另外，哺乳动物有绝缘表层来防止身体热量在寒冷天气时散失，绝缘表层是由外层脂肪和皮毛组成的。

兽孔目爬行动物似乎是像爬行动物一样通过产卵来繁殖的。它们可能孵育并保护卵，并且喂养它们的幼崽。这些反过来可能导致了雌性较长的产卵保持力，并且可保证幼崽安全出生。在三叠纪中期前，兽孔目爬行动物曾经统治动物界4，000多万年。然而由于未知的原因，它们输给了恐龙。从那时起，原始的哺乳动物降级为类似地鼠的夜间捕食昆虫的角色，直到恐龙最后走向灭绝。

阿帕拉契造山运动

地球上最令人印象深刻的地形也许是通过提升和侵蚀力量而形成的山脉。古生代大陆碰撞压皱了地壳，将大量的岩石提高为横贯世界许多地方的几个山系。山脉通常具有通过折叠、断层、火山活动、变形以及火成岩侵入等形成的复杂内部结构（图124）。

阿帕拉契亚山脉从阿拉巴马州中部延伸到纽芬兰，绵延2，000英里（约3，200千米），是在北美、欧亚大陆和非洲大陆间发生的大陆碰撞中被抬起的。上述事件发生在从约3.5亿年前到2.5亿年前的构造泛古陆的后古生代时期。阿帕拉契亚山脉南部的下面是超过10英里（约16千米）厚的平坦的沉积岩和变质岩，表面的岩石因被碰撞而严重变形。

这种形式的地层表明这些山脉是冲断褶皱的产物，涉及水平移动很长距离的地壳物质。沉积岩层西向骑在前寒武纪变质岩的顶部，并且折叠起来，

图124
南达科他州临近斯达哲斯熊丘被称作岩盖的一种暴露花岗石侵入岩，显示出围绕它底部的沉积岩组成的露出地面的岩层（照片提供：N.H. 达顿，承蒙美国地质勘探局USGS允许）

图125
北卡罗来纳州埃弗里县阿帕拉契亚山脉中的蓝色山脉（照片提供：D.A. 布若布斯特，承蒙美国地质勘探局USGS允许）

将地壳弯曲为一系列山脊和山谷（图125）。阿帕拉契亚山脉中心下面沉积层的存在说明冲断参与的基础岩石对山脉带的形成是有影响的，这种影响可能是从板块构造开始的。在大陆碰撞时，逆冲岩片的推挤和堆积可能也曾经是大陆持续生长的主要机制。

西非的毛里塔尼亚山链是与阿帕拉契亚呼应的对应物（另一边），它以一系列东西走向的、许多方面与阿帕拉契亚地带相似的山带为特征。山系的东部包括部分覆盖有变质岩的沉积岩层，变质岩沿着冲断层位于沉积岩之上。类似阿帕拉契亚南部变质岩的较老变质岩位于这个区域的西部，而较年轻水平岩石组成的海岸平原覆盖了其他地区。另外，与阿帕拉契亚形成类似变形和冲断的时期在大西洋打开之前。从这点上来讲，这两个山系实际上是彼此的镜像。

这次的山脉建造事件抬起了从英格兰到爱尔兰、并且穿过法国和德国的海西山脉。英格兰和欧洲大陆的折叠和断层都伴随着大规模的火成岩活动。乌拉尔山脉是由在西伯利亚和俄罗斯地盾间发生的类似膨胀而形成的。含有巨大折叠岩石带的南极洲纵贯山脉形成于两个板块碰撞形成南极洲大陆的过程中。在二叠纪结束之前，南极洲西部的较年轻部分还没有形成，当时只有南极洲东部存在。

后古生代的冰川作用

　　在约2.7亿年前的后古生代，非洲、南美、澳洲、印度和南极洲大陆都发生了冰川作用，这可以由古老岩石中的冰川沉淀和冰川留下的条痕来证明。大陆是以一定的方式连接在一起的，所以大冰原可以移动越过单个的陆地，从南极的冰川中心向外辐射。

　　后古生代是大量山脉建造的时期。巨大的地壳块被抬升到较高的海拔，在同样的地方，冰川在寒冷稀薄的空气中发育着。当陆地在大陆碰撞中被抬高时，冰川也可能在高度较低的地方形成。当冈瓦纳和劳亚古大陆组合为泛古陆时，大陆碰撞压皱了地壳，将巨大的岩层抬高为遍布世界许多地方的山系。因为陆地在较高的海拔度，温度下降和降水量增加使得冰川也保持在较高的海拔度。在每个大陆几乎都发现的二叠纪冰碛岩层是冰川作用广泛存在的证据（图126）。

　　除了折叠的山脉地带，火山活动也很盛行。持续时间异乎寻常的长期火山活动形成的火山尘云和气体遮挡了太阳，显著降低了地球表面温度。当大陆抬到更高时，海洋盆地下降变低。海洋盆地形状的变化极大影响了洋流的路线（表7），这样反过来对气候产生了深远影响。

　　尽管并不是所有的大规模灭绝都与较低的海平面相关，但所有已知的冰川事件都发生在海平面可能较低的时期。海洋的回退使得大陆边缘变广变

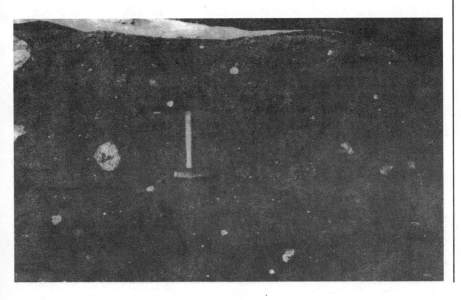

图126
马萨诸塞州萨克福县海德公园中罗克斯布雷砾石中的二叠纪冰碛岩（照片提供：W.C. 奥尔登，承蒙美国地质勘探局USGS允许）

表7 海洋深环流的历史

时期（百万年以前）	事件
3	冰川时期淹没了北半球
3~5	北极冰川作用开始
15	德雷克海峡打开，南极洲环流形成；主要的海洋结冰在南极洲周围形成，海洋结冰被冰川化，使其成为现代冰川时期的首次重大冰川作用；南极洲底部水形成；雪线升高
25	南美和南极洲间的德雷克海峡开始打开
25~35	情况稳定，同时南极洲周围可能有部分的环流；地中海和远东间的赤道环流被截断
35~40	赤道海道开始关闭；南部表面和深海急剧变冷；南极洲冰川到达海洋，海洋中有冰川碎片；澳洲和南极洲间的海道打开，较冷的洋底水向北流动，奔流到海洋。雪线急剧下降
>50	赤道上的海洋围绕世界自由流动；非常统一的气候和温暖海洋甚至出现在极地；海洋中的深水比现在暖和得多；只有非常高的冰川存在于南极洲

窄，将海生生境限制到临近海岸的区域。这样可能对中生代末期的大灭绝有重大影响。在这段时期，陆地曾经覆盖着巨大的煤湿地，当气候变得更冷时，这些湿地完全变干，寒冷达到顶峰时，大量物种死亡。

在后二叠纪冰川时期后，海洋温度在相当一段时期里一直较低。气候变冷对没有适应新的较冷条件或者没有迁移到较温暖避难所的物种来讲是有害的。从灭绝中逃脱的海洋无脊椎动物生活在临近赤道的狭窄空地。早中生代时珊瑚礁的缺乏表明只能在温暖浅水中生活的珊瑚虫实际上受到了严重打击。当巨大的冰川融化，海洋开始变暖到它们在冰川前的条件时，珊瑚礁建造增多，大量分泌石灰的生物形成了厚厚的石灰石沉淀。

大规模灭绝

在地球历史中，许多的物种已经在几次持续时间很短的时期内消失了（图127）。在有可能是几百万年的地质短时间间隔中，海洋中大规模的灭绝曾经消灭了半数或者更多的植物和动物家族。这种程度的破坏是由于环境中极端的全球变化造成的。环境限制因素中的极端变化决定了海洋中物种的分布和丰富度，这些限制因素包括温度和洋底生存空间等。

许多灭绝事件恰好与冰川作用时期吻合，并且冰川冷却对生命有重要的影响。适应了温暖环境物种的生存空间被局限于热带周围的狭窄区域。不能移动到较温暖水域又限制于有限的水道中的物种实际上受到了严重打击。而且极地区域冰川的积累降低了海平面，因而减少了浅水陆架面积。这就限制了居住地的数量从而进一步造成物种数量的减少。

海洋温度是迄今为止限制海洋物种地质分布的最重要因素。气候变冷是海洋中大多数灭绝发生的主要罪魁祸首。不能迁移到较温暖区域或者不能适应较寒冷条件的物种通常受到的影响最大。这对仅能忍受有限温度范围并且无处可迁移的热带动物群来讲尤其如此。因为温度降低也降低了化学反应的速率，重大冰川事件中的生物活性将在较低能量状态下进行，这样会影响进

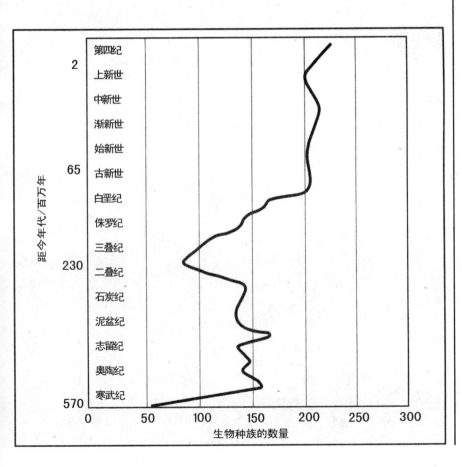

图127
历史上的生物种族数量。二叠纪末期的巨大下降表明了一次重要的大规模灭绝

化的速率和物种的多样性。

　　最大的灭绝事件发生在2.5亿年前二叠纪结束时。这次灭绝对二叠纪海洋动物群来讲尤其具有毁灭性（图128）。超过95％的所有已知物种数目、超过半数的海洋生物突然消失。陆地上，超过70％的脊椎动物死亡。如此众多的植物在这次灭绝中死亡，以至于真菌短时间内统治了大陆。两次明显的灭绝发生在100万年到200万年的间隔内。首次灭绝中有约70％的物种灭绝，剩余物种的80％在第二次灭绝中消失。物种最显著的灭绝发生在2.52亿年前到2.51亿年前间。最后的灭绝冲击可能持续了不到100万年的时间。这次灭绝造成的后果是古生代末期几乎没有物种的世界，当时的情况与古生代开始时几乎相同。

　　粘附在海底并且从海水中过滤营养物质的群体遭受了最大的灭绝。需要

图128
二叠纪时的海洋动物群和植物群（承蒙国家菲尔德自然历史博物馆允许）

164

温暖浅水生存的珊瑚虫在这次灭绝中也受到了最严重的打击。接下来受到严重打击的是腕足类动物、苔藓虫、棘皮类动物、菊石、有孔虫类以及最后保留的三叶虫。另一个消失的主要动物群体是在浅海居住了约8,000万年的纺锤虫，在这次灭绝中，它们的外壳堆集为巨大的石灰石沉淀。它们是类似麦粒的巨大复杂原生动物，长度范围从显微可见的尺寸一直到3英寸（约8厘米）长。浮游植物也消失了，从而破坏了海洋食物网的基础，而其他物种要依靠这个食物网来维持生存。

诸如双壳类、腹足动物和蟹类在内的移动性更强的生物则受到相对较小的伤害，逃脱了这次灭绝。尤其是壳类的生物，它们能够在海洋化学变化中缓冲自身的内部器官，因而灭绝的可能性较小。相对它们更敏感的邻居来讲，壳类生物可能在大规模灭绝后更快恢复。然而有缓冲和没缓冲的群体都大量地减少了。但是没有缓冲的生物是被打击最严重的，失去了它们90%的类属，而有缓冲的群体则失去了50%的类属。

曾在古生代高度多产并继续存在的海百合和腕足动物在接下来的中生代时期成为次要的角色。在后古生代海洋中大量存在的多刺腕足动物完全消失了，没有留下任何后代。在古生代的大部分时期极其成功的三叶虫在古生代结束时经历了最终的灭绝。包括虾、蟹、小龙虾和龙虾在内的不同种类的其他甲壳纲动物占领了三叶虫空出的居住地。在重大灭绝中重新获得先前失去地位的鲨鱼继续成为成功的食肉动物，情况与现在类似。

在陆地上，约70%的两栖动物家族和约80%的爬行动物家族也消失了。甚至连昆虫也没有能逃脱这场大屠杀。生活在二叠纪时的近1/3的昆虫种类没有生存下来，标志着昆虫曾经经历的唯一的大规模灭绝。植物的灭绝可能导致了以植物为食的昆虫的消失。灭绝之后，昆虫从将各种各样的翅膀固定在飞行位置的、类似蜻蜓的群体进化为能够将它们的翅膀折叠在身体上的形式，这可能是一种更好的保护方式。

这次灭绝发生在后二叠纪冰川作用之后，当时厚厚的大冰原覆盖了地球的大部分，大幅降低了海洋温度。作为进一步的打击，地球上已知的一次最大的火山爆发活动，以厚厚的玄武岩层覆盖了西伯利亚北部，在100万年的期间内导致环境发生了相当大的变化。这次爆发降低了地球上氧气含量，并且用令人窒息的含硫气体和二氧化碳气体取代了氧气。化石证据表明，二叠纪灭绝是逐渐开始的，可能由于环境的混乱，在二叠纪末期灭绝以更加快速的冲击而告终。

内部海洋从大陆撤退之后留下了大量的陆地红层、石膏及盐类沉淀。大量的山脉建造抬升了大块的地壳。在较高海拔的陆地聚集了雪和冰，雪和冰又聚集为厚厚的冰川。冰川反过来反射阳光，使得表面温度降低。水温是限制海洋动物物种地质分布的最重要因素。需要温暖浅水的珊瑚虫受到最严重的影响，早三叠纪时缺乏珊瑚礁就是对应的证据。

不管生物生存压力的动因是什么——气候变化、洋流改变、浅海或食物链破坏——生物圈抵抗这些压力的能力在世界不同地方是不同的。但是一种大规模灭绝的方式却非常一致地发生。尽管每次灭绝事件中都有典型的物种消失，但是包括最多物种数在内的热带生物群几乎一直是受打击最严重的。

约2.5亿年前的二叠纪末期之前，当所有的大陆合并为泛古陆时，地理变化促使了陆地和海洋中植物和动物生命出现了巨大的多样化。泛古陆的形成标志着生命进化的一个重大转折点，在其形成过程中，爬行动物作为世界的统治性物种而出现。

图129
上古生代的北美古地理学（古老的地形）

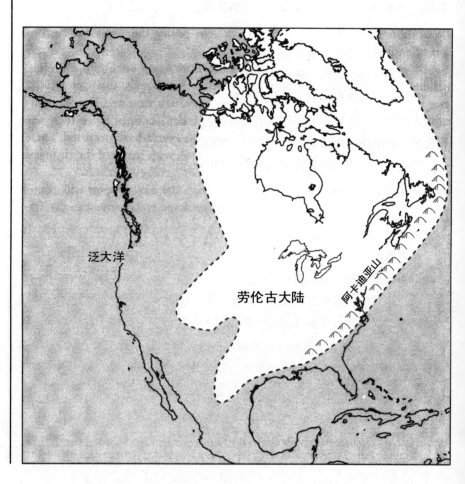

　　泛古陆气候似乎是稳定的，一年中的大多数时候是温暖的。但是，大部分的泛古陆是沙漠，其温度从一个季节到下一个季节波动很大。季节中有灼热的酷夏和冰冻的寒冬。这些气候条件可能造成了后古生代时生存在陆地上物种的广泛灭绝。这也解释了为什么已经适应了热而干燥气候的爬行动物能够代替两栖动物成为占统治性地位的陆地动物。

　　海平面在泛古陆形成时显著降低，排干了大陆内部的水分（图129）。海平面的降低引起了内陆海洋的后退，产生了分布在泛古陆周围、连续的狭窄大陆边缘。这样又反过来减少了海岸线的数量，将海生生境局限为临近海岸的环境。这对海洋物种的灭绝产生了重大的影响。而且，不稳定的临近海岸的条件导致了不稳定的食物供应。不能应付有限生存空间和食物供应的许多海洋物种以悲剧性的巨大数目消失而灭绝。

　　对二叠纪海洋动物群来讲，灭绝尤其具有毁灭性。半数的水生生物家族、75％的两栖动物家族以及超过80％的爬行动物家族代表着超过95％的所有已知物种，都突然间消失了。结果这次灭绝留下了一个实际上没有物种的世界，但却为全新生物的上升铺好了道路。

　　由于二叠纪灭绝的影响，过去许多体型较小的群体——包括现代鱼类、乌贼、蜗牛和蟹类在内的亲缘动物——开始扩张。例如，海胆在二叠纪时曾是相对罕见的，但是在现在的海洋中却是广泛分布的。自从二叠纪大灾难开始，曾经发生了八次重大的灭绝事件。这些灭绝界定了地质时标的边界，许多最严重的灭绝高峰恰巧与地质周期的划分相吻合。

　　在讨论过二叠纪时的爬行动物之后，下一章将介绍三叠纪时期恐龙的进化和它们所处的地质环境。

10

三叠纪恐龙

大型巨兽的时代

本章将要介绍三叠纪时期恐龙的进化和大陆的进化过程。从2.5亿年前到2.1亿年前的三叠纪标志着中生代纪元的开始。这段时期是以德国中部一系列红层和石灰石岩层命名的。这个时期所有的大陆连接成单个巨大大陆，被称作泛古陆支持着不同组的陆地植物和动物。在北美，陆地沉积物和红层为怀俄明州、科罗拉多州和犹他州增添了崎岖险峻的美丽地形（图130）。在这段时期末期，泛古陆开始分裂为现在的大陆，与此同时大量的玄武岩涌出到地表上。

在后三叠纪时，数目巨大的陆地动物家族消失了。这次灭绝事件持续了

不到100万年的时间，消灭了近半数的爬行动物家族。物种的消失永久性地改变了地球上生命的特征，造就了恐龙的繁盛（图131），恐龙的崛起堪称生物学上最伟大的成功典范之一。

恐龙时代

在中生代开始时，所有的大陆联合为一个超大陆；到中生代中期时，大陆开始分离；到中生代末期，大陆已经完全处于它们现在的位置。泛古陆的分裂产生了三个新的海洋，分别为大西洋、北冰洋和印度洋。在很长一段时间里，气候极其温和。在这样非常特殊条件下胜出的一个特殊动物群体是爬行动物。除了占领陆地之外，某些物种进入了海洋，另一些则向空中发展，几乎占领了地球上的每个角落。森林也广泛分布，茂盛的植被占领了世界上的大部分地区。在亚利桑那州的石化森林里有三叠纪时期曾经在高地地区繁茂生长的原始针叶树化石遗迹（图132）。

图130
犹他州加菲尔德县圆圈峭壁地区银色瀑布溪中的三叠纪和侏罗纪地层（照片提供：R.G. 卢德克Luedke，承蒙美国地质勘探局USGS允许）

169

图131
恐龙是生物学史上最伟大的成功典范之一

在三叠纪早期，地球正在从重大的冰川期中恢复，也在从夺走了超过95%的所有物种生命的灭绝事件中恢复着。因此，中生代的开始标志着生命的重生，此时450个新的植物和动物家族开始出现。但是，与古生代开始时的寒武纪大爆发创造全新的身体不同，物种是在已经建立的主题上发展出了新的变化。因此，较少有实验性生物出现，现在物种的许多家系开始进化。几个陆地脊椎动物的重要群体首次登上了历史舞台。这些群体组成了现代动物的直系祖先，包括爬行动物和哺乳动物的祖先，可能还有鸟类的祖先（在下一个5,000万年前，真正的鸟类并未出现在化石记录中）。

临近古生代末期时，大量的湿地开始变得干燥，两栖动物显著减少了。两栖动物的种群在中生代继续减少。所有大型的、头部平坦的物种都在三叠纪早期走向灭绝。这个群体此后被更多的现代生命所取代。尽管两栖动物没有获得对陆地的完全统治权，它们的后代——爬行动物却成为无可置疑的世界统治者。

爬行动物是三叠纪早期最主要的动物生命形式。中生代时异常温暖的气候极大地促成了爬行动物的成功。但是，并不是所有的爬行动物都是小型动物：某些可以生长到16英尺（约5米）长。爬行动物更适于在干燥陆地上持续生存。它们成功适应了大陆内部的沙漠地区，以及其他依靠少量食物就能生存的荒凉地方。许多爬行动物用四肢行走，但是当追捕猎物时会用后腿暴跳，这样可以将前肢空出来袭击其他动物。

最早的哺乳动物在三叠纪开始出现。在恐龙时代开始时，哺乳动物就与大型巨兽共同生活着。当时的哺乳动物个体很小，类似老鼠，没有重要性可言。但是在中生代哺乳动物经历了一些显著的进化，在很多方面都超过了比它们更大的爬行动物邻居。哺乳动物发展出了专门的牙齿，对听力和光线高度敏感，并且扩大了脑部，而脑部在日后将使它们比恐龙生存得更久。

牙齿是已经灭绝的微小哺乳动物的唯一遗迹。不过牙齿揭示出了过去2.2亿年间有关动物许多方面的信息，例如它们的食物构成。这些早期哺乳动物中的王者是最早出现在2.1亿年前上三叠纪时的多瘤齿兽。不幸的是，

图132
亚利桑那州阿帕契县石化森林国家纪念碑中的石化森林（照片提供：N.H. 达顿，承蒙美国地质勘探局USGS允许）

从白垩纪末期恐龙灭绝中生存下来之后，它们在3,000多万年以前全部消失了。

昆虫可以自信地宣称自己为世界上最兴盛的动物。自从动物离开海洋并且在干燥陆地建立住所之后，昆虫和它们的节肢亲缘动物就已经统治了地球。古生物学家在弗吉尼亚州南部临近北卡罗莱纳州边界异常丰富的化石采石场里发现了昆虫进化中缺失的一个部分。在上述地点发现了可追溯到2.1亿年前三叠纪末期的保存完好的昆虫，同时有某些类型昆虫最古老的化石记录。昆虫很难被化石化，因为它们精巧的身体在埋葬时容易碎裂。有些以后的昆虫被保存在琥珀中，琥珀是古代树木的树液，是埋葬动物的坟墓，使得动物化石能够经受得住时间的严酷考验。

最古老的恐龙起源于冈瓦纳的北部大陆，当时二叠纪冰川期的最后冰川正在分离，并且上述地区仍然在从寒冷条件中逐渐恢复。恐龙是多瘤齿兽的后代（图133），而多瘤齿兽也是鳄鱼和鸟类明显的共同祖先，鳄鱼和鸟类是恐龙关系较远的现存亲缘动物。最早的多瘤齿兽是生活在二叠纪到三叠纪转变过程中的小型到中型的食肉动物。多瘤齿兽的一个群体进入到了水中，成为了巨大的鱼类捕食者。这个群体包括在三叠纪时灭绝的植龙以及现在仍然成生存的鳄目动物。

植龙也是三叠纪多瘤齿兽的后代。羽毛状鳞片的出现表明多瘤齿兽也是鸟类的祖先，这些鳞片可以用来阻止热量的流失。原始羽毛有助于阻挡身体热量的消失，不过对现代鸟类来讲，也可以用来在吸引配偶时展示美丽的。在三叠纪末期前，恐龙取代了多瘤齿兽成为占统治性地位的陆地脊椎动物。

每个恐龙物种都可以将其起源追溯到一个被称作始盗龙的共同祖先，始

图133
恐龙是从多瘤齿兽进化而来的

图134
犹他州尤盈塔山脊上
的卡梅尔地层是发现
有恐龙化石的地方之
一（作者提供照片）

盗龙的名字意思是"早期的猎食者"。始盗龙是从约2.4亿年前的下三叠纪食肉性爬行动物进化而来的。在进化的早期，恐龙不得不与巨大的鳄鱼、被称作翼龙的飞行爬行动物以及其他凶猛的爬行动物竞争。在约2.3亿年前的中三叠纪时期，当类似哺乳动物的爬行动物统治了陆地时，恐龙仅占了所有动物中的一小部分。在早期恐龙时期生活的几种爬行动物物种数量仍然远远胜过恐龙。

但是在仅仅100万年的时间内，恐龙迅速成为了占统治性地位的物种。它们从不到20英尺（约6米）长的中型动物进化为庞然大物，也因具有庞大的身躯而著名。在接下来的1.5亿年里，恐龙一直是占统治性地位的陆地物种。在侏罗纪末期前，恐龙是曾经在地球上生存的最大食肉动物。在三叠纪到白垩纪的地层中发现了许多恐龙化石（图134）。

为了更好地生存恐龙冒险来到了所有的重要大陆。它们在全世界的广泛分布是大陆迁移说强有力的证据（表8）。在恐龙开始出现的时候，所有的大陆组合为超大陆泛古陆。在侏罗纪早期，泛古陆开始分离，大陆开始向它们现在的位置漂移。除了少数临时的路桥，新大陆间的海洋成为恐龙进一步

表8 大陆迁移

地理划分（百万年）		冈瓦纳大陆	劳亚大陆
第四纪	3		加利福尼亚湾打开
上新世	11	开始在加拉帕哥斯群岛附近扩张	在太平洋东部改变了扩张方向
中新世	26	亚丁湾打开 红海打开	冰岛诞生
渐新世	37	印度与欧亚大陆相撞	开始在北极盆地扩张
始新世	54		格陵兰从挪威分离
古新世	65	澳洲大陆从南极大陆分离 新西兰从南极大陆分离 非洲大陆从马达加斯加和南美大陆分离	拉布拉多海打开 比斯开湾打开 北美从欧亚大陆分离
白垩纪	135	非洲从印度、澳洲新西兰和南极板块分离	
侏罗纪	180		北美从非洲大陆开始分离
三叠纪	250		

迁移的障碍。这时在北美、欧洲和非洲生活的物种几乎完全相同。

恐龙成功的例证是它们广泛的分布范围。它们占据了许多不同种类的居住地，统治着陆地居住的所有其他动物。实际上，如果恐龙没有灭绝，哺乳动物将永远不能取得地球的统治权，人类也就不可能出现了。这是因为如果恐龙一直抑制哺乳动物进一步发展，哺乳动物将只能是小型的在夜间活动的动物，否则会成为阻碍恐龙的动物而不得不与恐龙展开竞争。

恐龙通常被归类为蜥脚类动物或者肉食龙类。蜥脚类动物是长颈的草食动物。肉食龙类可能是以群体方式捕食蜥脚类动物的双足肉食动物。弯龙（图135）是许多恐龙物种的祖先，是长达25英尺（约8米）的草食动物。但是，并不是所有的恐龙都是巨型的。许多恐龙和现在的哺乳动物差不多大小。原角龙和甲龙并不比现在生存的最大的陆地动物大。在当时它们非常常见，像现在的绵羊般分布在广泛的地区。已知最小的恐龙足迹仅有一个便士的大小。较小的恐龙有与鸟类类似的中空的骨头。一些恐龙有长而纤细的后腿、长而精巧的前肢以及长长的颈部。如果不是因为有长长的尾部，这些恐龙的骨架会非常类似现在鸵鸟的骨架。

许多早期的小型恐龙依靠后腿跳跃，是首批发展出耐久双腿站姿的动物。它们是依靠双腿奔跑并且以最快方式行进的双窝型爬行动物的后代。双窝型动物是最原始的爬行动物谱系之一，它们进化出了恐龙、鸟类和包括鳄鱼、蜥蜴和蛇类在内的大多数现存的爬行动物。双足化提高了速度和灵活性，也将前肢释放出来进行寻找食物和完成其他任务。后腿和臀部支撑着动物的全部重量，同时巨大的尾部平衡着身体的上部分。恐龙走路的方式与鸟类非常类似。因此恐龙也被归类为骨盆结构与鸟类相似的鸟臀目恐龙或骨盆结构与蜥蜴相似的目蜥臀目恐龙。

鸟臀目恐龙可能来自于进化出了鳄鱼和鸟类的槽齿类动物的同一群体。实际上鸟类是恐龙唯一的现存亲缘动物。许多小型恐龙的骨架与鸟类的骨架很类似（图136）。许多大型的双足类恐龙也采用了相似的外观，只是因为要依靠双足来平衡自己，因而需要巨大的尾部和小型的前臂。用双腿进行奔

图135
以小型植物为食的弯龙是许多后来恐龙的祖先（承蒙美国国家公园管理局提供照片）

图136
诸如单爪龙的许多小
型恐龙构造与鸟类非
常相似

跑也曾经是行进中追捕猎物的最快方式。

一些恐龙物种可能已经获得了与哺乳动物和鸟类类似的某种程度的身体温度控制功能。当恐龙时期开始时，曾是早期恐龙生活之地的南非和南美顶端经历了气候寒冷的冬天，在这期间，没有迁移到较温暖区域的大型冷血动物没能生存下来。如此长距离迁移所需的体力必须要有只有温血身体才能提供的持续不变的能量水平。温血动物比冷血爬行动物更快成熟，而冷血动物在死亡前都不断长大。

对有共同祖先的恐龙、鳄鱼和鸟类的骨头分析揭示了鸟类和恐龙骨头间的相似性，是对恐龙可能为温血性的又一支持。需要高比率新陈代谢恐龙的复杂社会行为似乎是由于温血而引起的进化进步。但是在白垩纪末期，当气候变得更冷的时候，温血的哺乳动物生存了下来，而恐龙却没有。

食肉型恐龙很狡猾而且具有攻击性的，会以不同寻常的贪婪性袭击猎物。一些肉食动物头盖的容量表明它们有相对大的脑部并且是相当聪明的（图137），能够对不同的环境压力做出反应。迅猛龙，意思是"迅速的猎食者"，有尖利的爪子和强有力的下颚。它们是凶残的致命杀手，凶残的食欲表明它们是温血的。

许多恐龙物种是迅速而敏捷的，需要只有温血身体才能提供的高新陈代谢比率。某些恐龙的解剖学表明它们是活跃而直立的，并且是固定进食的，而这是一种与温血动物相称的表明高新陈代谢比率的行为。恐龙牙齿和冷血的鳄鱼牙齿中的氧18和氧16比例的比较说明，不管外界温度是多少，恐龙都有稳定的身体温度。恐龙用横膈膜驱动的肺来进行呼吸，以便得到快速运动所需的额外呼吸，与现代哺乳动物非常相似。但是，在休息时，恐龙可能会转换到与爬行动物类似的基于肋骨的呼吸作用，使得它们的新陈代谢技能不同于任何现存的动物。

将化石化的恐龙胚胎骨盆骨头的密度与现代鳄鱼和鸟类的骨头密度做对比，发现恐龙幼年是非常具有活动性的，需要只有温血身体才能提供的能量。在哺乳动物中很常见的幼年快速成长的证据也存在于某些恐龙物种的骨头里，有可能提供了温血性的又一证据。新生的大多数新生的鸟类是毫无防备的依赖者，恐龙明显不是，恐龙会跳出自己的外壳准备逃跑，保护自己远离危险。婴儿期的恐龙可利用骨头和肌肉的力量，以现代鳄鱼幼体的方式来迅速移动或逃离危险。但是，慈母龙化石的研究表明成年恐龙是温柔而富有养育心的父母，慈母龙的意思为"好妈妈蜥蜴"，它们将幼崽留在巢穴里，进行喂养和保护。

恐龙骨头的血管密度比现存的哺乳动物还高，是另一个温血的特征。某些恐龙头骨显示出只在温血动物身上才存在的窦膜迹象。在温血物种的鼻孔里常见的用作热量交换的呼吸鼻甲骨似乎也曾经出现在恐龙上。在南极发现的肉食恐龙骨头说明它们或通过成为温血动物适应了寒冷和黑暗，或迁移到

图137
细（狭）爪龙脑部重量相对身体重量的比例很大

了横跨陆桥附近的南美大陆躲避寒冷和黑暗。

在所有化石足迹中，恐龙足迹（图138）是令人印象最深刻的，因为许多恐龙物种的巨大重量在地上产生了深深的压痕。很多它们的足迹存在于中生代时期遍布世界的陆地沉积物中。对恐龙足迹的研究表明某些物种是高度群居和聚集在一起的。包括霸王龙（图139）在内的巨大肉食动物是迅速敏捷的食肉动物，霸王龙的意思为"可怕的蜥蜴"，根据它们的足迹判断这些肉食动物能够像马一样快速地奔跑。

某些恐龙物种的雌性安全生产幼崽的方式可能与哺乳动物相似。在后代能够自我谋生之前，许多恐龙都会喂养和保护自己的后代，使得更多的后代能够成熟并成为成年恐龙，从而保证物种的延续。恐龙父母可能会像现代鸟类般将食物带给自己的幼崽、反刍种子和浆果。这种对幼崽的双亲照顾表明了坚固的社会连接，可能解释了为什么恐龙会在如此长的时间里如此成功。

一些恐龙可能已经发育出复杂的交配仪式。除了调控身体的温度外，异齿龙背部的巨大脊鳍可能曾经用来吸引雌性。其他的恐龙可能像现在的鸟类一样，为了相同的目的而炫耀精细的头饰。恐龙可能曾经使用复杂的声音共鸣装置来交配鸣叫。它们似乎是通过喉咙中的振荡软骨组织来产生声音的。软骨组织越大，声音频率越低，使得某些物种能够产生类似鸣号的可以传递

图138
智利巴利拿可达地区查卡里亚地层中的恐龙足迹道（照片提供：R.J. 丁曼，承蒙美国地质勘探局USGS允许）

图139

霸王龙是曾经生存过的最大的陆地肉食动物

很长距离的声音。一个7,500万年之前的草食动物有从头骨开始的4.5英尺（约11厘米）长向后的拱形中空头冠。这个头冠可能是性别展示的方法，或作为产生奇特声音效果的共鸣腔。

　　三叠纪末期和侏罗纪开始的期间是陆地脊椎动物历史上最激动人心的时刻。在三叠纪末期，所有的陆地只在它们的西部末端与位于北半球的劳亚古大陆及位于南半球的冈瓦纳大陆连接。但是，劳亚古大陆的动物生命与冈瓦纳的动物生命当时正在变得截然不同。连接劳亚古大陆和印度中国微大陆的陆桥可能曾经是最后的连接，当这两个板块在三叠纪接近末期发生相撞时，上述连接使得动物的迁移成为可能。

　　在约2.1亿年前的三叠纪末期，巨大的陨星撞击了地球，形成了位于加拿大魁北克的60英里（约95千米）宽的曼尼古根碰撞结构（图140）。巨大的爆炸似乎是与一段不到100万年的大规模灭绝恰巧同时发生的，这次灭绝

毁灭了所有动物家族的20%或者更多，这其中包括近半数的爬行动物家族。在海洋中，菊石和双壳类动物被大批消灭，牙形虫最终也消失了。这次灭绝永久性地改变了地球上生命的特征，为恐龙的出现铺好了道路。

在这段时间，包括两栖动物、爬行动物和哺乳动物在内的几乎所有现代动物群体在进化舞台上首次出现。这同时也是恐龙取得对地球的统治权并且将它们的统治维持了接下来1.45亿年的时间。之后，又一重大的陨星用超过100万亿吨炸药的爆炸力撞击了地球，将地球变成了不适合居住的世界。因此，恐龙可能既是被陨星创造的也是被陨星毁灭的。

特提斯海洋动物群

在三叠纪开始时，特提斯海洋将泛古陆的北部海湾和南部海湾分开成巨大的港湾，形状好像横跨在赤道上的巨大字母C（图141）。在后古生代和中新生代期间，特提斯海洋从欧洲西部延伸到亚洲东南部的宽阔热带海道，其中居住了各种各样大量的浅水海洋动物。围绕地球旋转的巨大的洋流将热量分配到世界所有地方，从而维持了温暖的气候条件。充满活力的气候将北美和欧洲的许多高大山脊侵蚀，降低为一般的平原水平面的高度。

在三叠纪早期，后二叠纪冰川时期之后的海洋温度一直很低。设法从灭绝中逃离的海洋无脊椎动物生活在临近赤道的狭窄边界。珊瑚虫在后古生代数目逐渐减少，当它们居住的海洋撤退时，珊瑚虫被海绵动物和藻类所取代。这是由于广泛冰川作用的冰帽夺取了相当多的地球水分。需要温暖浅水生存的珊瑚虫遭受了尤其严重的打击，证据是三叠纪开始时缺少珊瑚礁。当巨大的冰川融化并且海洋开始变暖时，古地中海中的珊瑚礁建造活动变得非常强烈。能够分泌石灰石的大量繁殖的生物留下了厚厚的石灰石和白云石沉积。

软体动物似乎也经受住了后二叠纪灭绝的低潮。它们继续成为中生代海洋中最重要的有壳无脊椎动物，现在生存有约7万种截然不同的无脊椎动物物种。中生代温暖的气候影响了海洋中和陆地上巨型动物的生长。巨大的蛤类生长到3英尺（约0.9米）宽，巨大的乌贼长达65英尺（约20米）、重量超过1吨，高大的海百合长度达到60英尺（约18米）。

头足动物是极端壮观和多样化的。它们成为中生代海洋中最成功的海洋无脊椎动物，进化为约1万个物种。菊石在3.95亿年前的早泥盆纪开始进

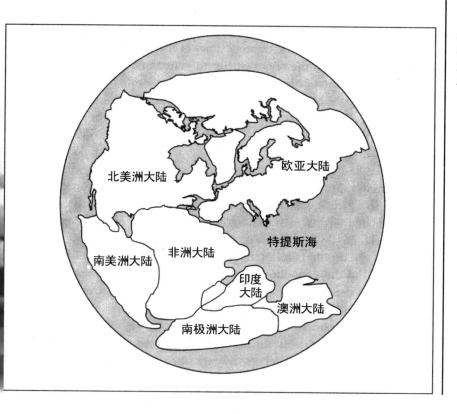

图141
2.8亿年前，特提斯海洋位于泛古陆的北部和南部中间

化。在化石记录中保存最好的两种形体是具有宽达7英尺（约2米）的卷曲外壳以及更为笨拙的、长度可生长到12英尺（约4米）的有直外壳的形体。它们通过喷射水柱产生推动力而前进，利用体内中空部分产生的浮力控制自己在水中的深度，这些都促成了它们的巨大成功。但是，在后三叠纪广泛分布的25个菊石家族中，除一两个家族之外的所有家族都在这段时期的末期走向了灭绝。从灭绝中幸存的物种最终进化为侏罗纪和石炭纪时期菊石家族的基础。

在海洋脊椎动物中，鱼类进化为更现代的形式。鲨鱼重新夺回二叠纪大灭绝中丢失的地位。它们继续成为现在海洋中成功的肉食动物。但是，由于强烈的过度捕捞，一些鲨鱼物种似乎在临近灭绝。

在石炭纪的最后阶段，当海平面下降并且海洋从陆地撤离时，古地中海洋的温度开始下降。在过去的1亿年间，当大陆向两极分离时，陆地上积累了雪和冰，对气候产生了额外的冷却效应。大多数喜欢温暖的物种都消失了，尤其是那些生活在古地中海中的物种。对温度最敏感的古地中海动物群遭受了最严重的灭绝。当海洋温度下降时，曾经在温暖的古地中海海洋中非常成功的物种数量急剧下降。之后，当洋底温度继续骤然下降，海洋物种的分布与现代更加接近了。

新红砂岩

三叠纪见证了当大陆持续升高时海水从陆地的全面撤退。大量的陆地红色砂岩和厚厚的石膏层与盐层被沉淀在废弃的盆地上。并且三叠纪时期覆盖有沙漠的陆地数量比现在多得多。这可以由在美国西部山脉和峡谷中存在的众多由陆地砂岩和页岩组成的红色岩石来证明。陆地红层覆盖了从新斯科舍到南加利福尼亚和科罗拉多高原的区域（图142）。

红层在欧洲也很常见，在英格兰西北部的红层发展得尤其完好。在欧洲北部和西部，陆地红层以几乎没有化石的、被称作新红砂岩的构造层为特色，该构造层是以在苏格兰的以恐龙足迹而闻名的沉积地层而命名的。地层显示出区域中从二叠纪到三叠纪的连续层次，在两段时间中间没有明确的界限。

红色沉积的广泛出现可能是由已知最强烈的火成岩活动间隔之一提供的大块聚集的铁而造成的。远古树液中捕捉的空气表明了当时大气中有较多的氧气，氧气将铁氧化之后，形成了因其血红的颜色而得名的赤铁矿矿石。

北美科迪勒拉山脉带、南美安第斯山脉和非洲－欧亚大陆的特提斯海洋都有厚厚的三叠纪时期的海洋沉淀层。科迪勒拉山脉带和安第斯山脉带是当泛古陆分离开时由东太平洋板块和美洲板块的大陆边缘相撞而形成的。当非洲板块与欧亚大陆发生相撞时，古地中海带形成，抬起了有大量化石的三叠纪横断面的阿尔卑斯山。在三叠纪时位于热带的古地中海海洋有广泛分布的珊瑚礁，在新生代非洲大陆和欧亚大陆相撞中，这些珊瑚礁被抬起形成了多罗迈特和阿尔卑斯山脉。

在三叠纪期间，当北美仍然是泛古陆的一部分，海洋在现在的内华达州时，被称作是钦迪的远古河流系统流经了美国西部。钦迪的源头是阿莫里罗－卫奇塔隆起的得克萨斯州高地。从那里，河流向西流动，穿过了新墨西哥州北部和犹他州南部，并在内华达州的中部流入了海洋。钦迪地层中的沉积岩产生了重要的铀矿沉淀，是造成20世纪50年代初开始时美国西部铀暴涨的原因。最终得克萨斯高地被侵蚀降低为平原，泛古陆从赤道漂移离开，随后进入了较干燥的中纬度地区。在约2亿年前，在北美大陆从其他大陆分离开之前，巨大的钦迪河流逐渐干涸。

在三叠纪晚期，一个内陆海洋中的海水开始流入北美的中西部。从科迪勒拉高地到西部的海洋沉积物开始被侵蚀，上述地区常被称为是原始的落基山脉。沉积物被沉淀到了科罗拉多高原的陆地红层上。在二叠纪晚期和三叠纪早期，用来做肥料的磷酸盐被沉淀到爱达荷州和附近州区。巨大的铁沉积物也被沉淀出来。从阿拉巴马州到纽约的阿巴拉契亚山脉区域的主要铁生产地——克林顿铁层中含矿的岩石，就是在这段时间内被沉淀出来的。

在三叠纪期间，当超大陆泛古陆正在刚刚开始分离时，蒸发岩累积达到了顶峰。当浅的盐水池被海水蒸发物补充时，就形成了蒸发岩沉淀。但是，只有很少的蒸发岩沉淀能够追溯到超过8亿年前，因为大多数盐被埋藏或者是重新循环进入了海洋。远古蒸发岩沉淀在远到北极的地区都有发现。这表明或者这些地区曾经离赤道比较近，或者全球气候在过去相当温暖。

三叠纪玄武岩

在过去的2.5亿年间，11次大规模的泛布玄武岩火山作用事件曾经遍及全球（图143和表9）。它们是相对时间较短的事件，主要阶段通常持续不到300万年的时间。这些巨大爆发产生了一系列重叠的熔岩流，生成了许多类似梯田外观的暴露结构，这种结构被称作是圈闭的，在荷兰语中意为"阶梯"。

在三叠纪末期的一次短暂地质大灾难中，玄武岩熔岩的巨流从巨大的裂缝中溢出，铺盖在了陆地上。当所有的大陆挤到一起形成名为泛古陆的单个大陆时，火山危机就发生了。在几百万年的短暂期间里，黑色玄武岩沿着超大陆的中心隆起地带爆发，最终扩展到几乎相当于澳洲面积的大小。之后不久，大陆沿着这条轴线分裂，朝各自的路线行进，从而打开了大西洋。这次

图143
许多泛布玄武岩火山作用的发生与大陆分裂有关

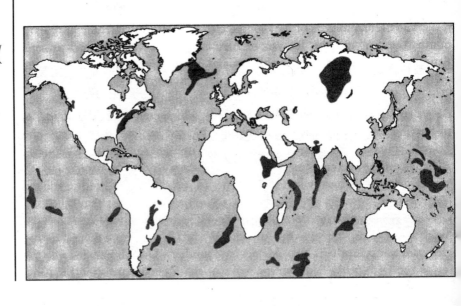

表9　洪流玄武岩火山作用与生物灭绝

火山事件	百万年前	灭绝事件	百万年前
美国哥伦比亚河流	17	中下中新世	14
埃塞俄比亚	35	上始新世	36
印度德干	65	马斯特里赫特期	65
		赛诺曼期	91
印度拉杰默哈尔	110	阿普第期	110
非洲西南	135	提通期	137
南极	170	巴柔期	173
南非	190	普林斯巴赫期	191
北美东部	200	雷蒂亚/诺利期	211
西伯利亚	250	瓜德鲁普期	249

大规模爆发是地球历史上最大的爆发之一，可能消灭了地球上许多的生命，造就了恐龙作为世界统治者的地位。

许多泛布玄武岩位于大陆边缘附近，位于临近三叠纪末期时巨大分裂开始将现在的大陆从泛古陆分离的地方。这些大规模的玄武岩涌出标志着地球历史上最大的地壳运动之一。由于更猛烈的板块运动，大陆可能比它们今天运动了更远，形成了巨大的火山活动。

在北美东部常见的三叠纪玄武岩表明了将大陆从欧亚大陆分开的裂缝的形成。这条裂缝后来被破坏，充满了海水，形成了新生的北大西洋。印度洋形成于裂缝将印度亚大陆从冈瓦纳大陆分离时。在三叠纪末期前，印度板块自由漂移，开始了其向亚洲南部的长途跋涉。同时，冈瓦纳大陆向北漂移，使得澳洲大陆仍然粘附在位于南极圈区域之内的南极大陆上。

巨大的玄武岩流和花岗石浸入岩浆也发生在西伯利亚。大量的熔岩流覆盖了南美、非洲和南极洲。巴西南部被覆盖了75万平万英里（约190万平方千米）的玄武岩，构成了世界上最大的熔岩场地之一。当南美板块重叠伸展到太平洋板块时，厚达2，000英尺（约600米）以上的巨大玄武岩流覆盖了巴西和阿根廷的大部分地方，潜没活动将岩浆注入了位于下部的活动火山中。玄武岩流也覆盖了从阿拉斯加到加利福尼亚的一个区域。

临近三叠纪末期时，北美和南美开始互相远离。位于非洲和南极洲间的印度板块开始从冈瓦纳分离，随后与中国板块相撞。此外，一个巨大的裂缝开始将北美从欧亚大陆分离出来。大陆的裂缝彻底地改变了气候，为随后异常温暖的时期打好了基础。

在了解了三叠纪时期的早期恐龙之后，下一章将要介绍在侏罗纪时期出现的其他动物。

11

侏罗纪的鸟类

飞行动物时代

本章将介绍侏罗纪飞行动物和地球上曾生存过的巨型动物。侏罗纪（距今2.10亿～1.25亿年）因瑞士西北部汝拉山灰岩和白垩而得名。侏罗纪早期，盘古大陆解体为现今的各大陆，形成了大西洋、印度洋和北冰洋，前期地壳隆升而产生的山地侵蚀夷平，内陆海侵入大陆地区，为海洋生物广泛分布提供了近海岸栖息地（图 144）。

侏罗纪时期，恐龙高度分化，体形巨大，成为地球上曾出现过的最大陆生动物。植物和含煤地层广泛分布表明气候温暖湿润。有利气候条件和良好生存环境促使了巨型恐龙的出现，其中大部分在侏罗纪末期已经灭绝。爬行

动物高度繁生，统治着陆地、海洋和天空。哺乳动物体型较小，多瘤齿兽类
数量稀少，难以引起关注。最初的飞行鸟类开始出现，并与被称为翼龙类爬
行动物分享着天空。

早期鸟类

　　最初的鸟类出现在距今约1.5亿年前的侏罗纪，然而有些证据将鸟类起
源追溯到距今2.25亿年前的晚三叠纪。直至距今约1.35亿年前，早期鸟类开
始分化，演化为两支谱系。一支进化为原始祖鸟，另一支进化为现代鸟类。
鸟类通常被认为是双孔类爬行动物的后代，双孔类同样是恐龙和鳄鱼的祖
先。为此，鸟类常被称作"美化了的爬行动物"。鸟类也可能是由两足的兽

脚亚目食肉恐龙进化而来。

事实上，鸟类是恐龙仅存的近亲生物。除具有长尾外，许多小型恐龙的骨骼同鸟类十分相似，表明鸟类直接由恐龙进化而来。小盗龙是目前为止已发现的最小的成年恐龙，仅有乌鸦般大小，该种动物体被羽毛，其骨骼轮廓与鸟类相仿，具有类似鸟类的脚爪，可用于在树枝上栖息。小盗龙被称为是与鸟类最接近的恐龙近亲，其攀树敏捷。小盗龙的祖先可能长期生活在树上，从而养成了某些树栖生活特性。因此，飞行成为由树顶返回地面的一种简单行为。

偷蛋龙是一种孵化群落巢穴中的卵的恐龙（图145）。偷蛋龙同鸟类密切相关，它为双亲哺育提供有力证据，说明鸟类该种行为是由恐龙遗传而来。偷蛋龙和鸟类可能起源于同一祖先，同样行孵蛋行为。两者的共同祖先出现于早期鸟类之前，与恐龙同步进化，随后神秘灭绝，而鸟类却生存下来。

鸟类是恒温动物，因为飞行的需求而必须实现代谢效率最大化，然而鸟类仍保留着爬行动物的产卵繁殖方式。有些白垩纪鸟类的骨骼长有年轮，这

图145
正在孵卵的偷蛋龙

189

种特征在冷血爬行动物中普遍存在。鸟类维持较高体温的能力引发了，是否与鸟类骨骼相似的部分恐龙同样也是温血动物的争论。

始祖鸟是已知最古老的化石鸟类，其体型大小同现代的鸽子相当，是介于爬行动物和真正鸟类间的过渡物种（图146）。不像现代鸟类，始祖鸟缺少便于发达胸肌附于胸骨上的龙骨突结构。始祖鸟起初被认为是一种小型恐龙，直到1863年在德国巴伐利亚州石灰岩地层中发现了始祖鸟化石具有清晰的羽毛印痕。该发现引发了长期的争论。19世纪著名地质学家认为始祖鸟仅是骗局，羽毛印痕是由含化石的岩石伪造而成。然而1950年在巴伐利亚相同地层中又发现一只始祖鸟化石，该样本保存完整，具有清晰的羽毛印痕。

尽管始祖鸟具备飞行所必需的很多条件，它可能并不善于飞行。它类似于今天的驯化鸟类，仅能近距离飞行。始祖鸟通过伸展翅膀沿地面快速奔跑而进行短暂滑翔，或者为捕食飞过的昆虫而挥动翅膀从地面跃起，从而掌握了一定飞行技能。始祖鸟的祖先可能是在躲避猎食时，挥动翅膀来加快奔跑速度，纯粹是偶然间掌握了飞行本领。

始祖鸟具牙齿、爪、骨质的长尾及许多小型恐龙的骨骼特征，但是缺少可减轻体重的中空骨骼结构。始祖鸟的羽毛是鳞片的衍生物，可能起初具有保护体温的功能。许多鸟类生有牙齿，直至距今约7，000万年前的晚白垩纪时期。翅膀前缘的爪有助于攀树，始祖鸟能够由树上飞入空中。

图146
始祖鸟可能是连接爬行动物和鸟类的过渡生物

掌握飞行技能后，鸟类迅速辐射进入各种生存环境。超强的适应能力使它们在同翼龙的竞争中获取胜利，导致了爬行动物的灭绝。巨型地栖鸟类最早见于鸟类化石记录中。由于鸟类当时能从地球的一个角落迁徙至另一个角落，鸟类化石的广泛分布从而进一步证实盘古大陆的存在。

鸟类因受恐龙驱逐和躲避哺乳动物捕猎而进入空中，威胁一旦消除，它们发觉地面的生活更为容易，因为它们需要消耗大量体能方能维持在空中。同时部分鸟类成功适应了海洋生活。某些潜水鸭科动物为捕食鱼类专门具备在水下"飞行"的技能。例如，企鹅属于不能飞行的鸟类，但它们已适应了水中生活，并且能够禁受住南极寒冷气候的考验。

翼龙

侏罗纪时爬行动物高度繁生，统治着陆地、海洋和天空。距今约1.6亿年前，恐龙是陆地上的优势物种，奇异的鱼形爬行动物——鱼龙控制着海洋。它们在动物分类上属于双孔亚纲，双孔亚纲包括蛇、蜥蜴、鳄鱼和恐龙等。鱼龙从距今约2.45亿年前恐龙最初出现时至距今0.9亿年前一直统治着海洋。最大的鱼龙有鲸鱼般大小，体长能超过50英尺（约15米），它们具有保龄球般大小的巨大眼睛。鱼龙化石在全世界范围内均有发现，表明鱼龙曾经如现今鲸鱼般进行大范围的迁徙。

在天空飞行的是被称为翼龙的爬行动物，包括长相凶恶的翼手龙，其翅展可达30英尺（约9米）（图147）。翼龙起源于侏罗纪早期，可能是曾经出现过的最大的飞行动物，统治了天空长达1.2亿年。从总体结构和特性看，翼龙同鸟类及蝙蝠都很相似，最小的翼龙个体仅有麻雀般大小。同鸟类一样，为减轻体重利于飞行，翼龙发育出中空的骨骼。最大的翼龙同现代的滑翔机大小相当，而其体重仅与飞行员等同。许多翼龙头骨上具有高高的鸟冠，可能起着方向舵的作用，用来指引飞行的路线。

翼龙前肢加长的第四指支撑着翼膜前沿，翼膜是由体侧伸展出的皮肤薄膜，从而构成翼龙的两翼，其余指头被释放出来用于攀树。相比较而言，蝙蝠是由前后肢和尾之间伸张的皮膜连成两翼的。

最初的翼手龙复原图被描绘成一种笨拙的滑翔机似的动物，皮质两翼连接身体两侧向下达到腿部，在极度延长的前指间伸展。如此大的两翼使该种生物移动缓慢，像蝙蝠般曳脚而行，这样的身体结构难以起飞。后来的复原图中，翼手龙表现为一种飞行爬行动物，类似鸟类的两翼连接在髋部，使该

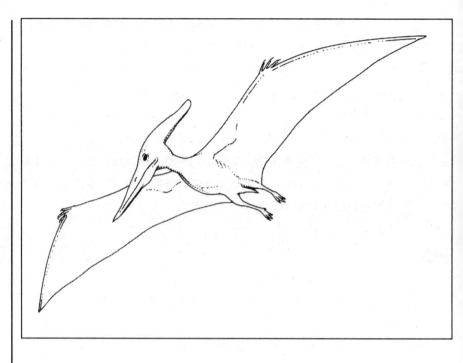

种动物靠两腿行走，易于达到足够初始速度用来起飞的目的。

翼龙最初为何进入空中仍是一个谜，它们明显是源自树栖爬行动物，而不是奔跑的地栖动物。它们的祖先可能生长着皮质两翼，用以在树间跳跃，就像鼯鼠一样。两翼皮膜可能起着降温作用，通过挥动前肢调节体温，并通过自然选择它们最后成为飞行副翼。

翼龙具备飞行能力，通过从峭壁跃下并乘上升气流或通过在树上攀行跳入风中而飞行，或者像现今的信天翁般滑翔。该种动物可能挥动两翼沿地面疾行，以信天翁般方式起飞。它也可能仅简单地双腿站立，捕捉强风，挥动其巨大的两翼，用强有力的双腿登地而进入空中。翼龙也可能像现今的秃鹫一样，乘气流度过其大部分在空中的时间。

着陆时，翼龙接近地面时减速，像滑翔机般用后腿轻触地面。翼龙着陆后，笨拙移动，像蝙蝠般用四肢爬行。然而，翼龙盆骨化石表明其后腿与躯体连接呈直角，可以使该爬行动物用双脚直立行走。翼龙可能快步行走，迅速爆发，获得速度而起飞。

距今约7，500万年前生活于北美地区的翼龙起初被认为是没有牙齿的，直至在得克萨斯州发现具有约1英寸（约2.5厘米）长牙齿的飞行爬行动物这一证据出现。翼龙化石记录是不完整的，因为其骨骼脆弱，易于遭受破坏。

得州化石样本中唯一的遗存是翼龙的啄。龙头部生有盔冠，当潜入水中追捕鱼类时，可以作为稳定头部的方向盘。

距今约1亿年前的得克萨斯州翼龙的发现，证实南美和亚欧地区生有牙齿的飞行爬行动物迁移进入了北美地区。得州翼龙翅展约5英尺（约1.5米），体细长约1.5英尺（约0.5米），其类似于距今约1.4亿年前生活于大不列颠地区的翼龙种类生物。北美地区该种生有牙齿的翼龙和之后出现的没有牙齿的种类间是否存在联系，至今仍不清楚。

最大的翼龙大小同小型飞机相当，翅展约30英尺（约9米）。该种大型飞行动物的化石发掘于得克萨斯州西南的大本德（Big Ben）国家公园。大型翼龙起初被认为以死去恐龙的腐尸为食，尽管这种动物的发现地点远离海洋，它很有可能像巨型鹈鹕般捕食鱼类。它们体型巨大，使其足以远距离飞行至海边，从而可以捕食大量的鱼类。因此该种动物能够飞行是不容置疑的，它们是地球上最大型的飞行动物。

巨型恐龙

侏罗纪时恐龙拥有最大的体型和最长的寿命。巨型恐龙统治包括所有南方陆地的冈瓦纳大陆。在科罗拉多高原地区著名的沉积地层和侏罗系莫里森组都发现了许多巨型恐龙化石。许多完整的化石样本陈列于犹他州维尔诺（Vernal）附近的恐龙国家博物馆中（图148）。

过去2个世纪已发现的恐龙属超过500个，其中体型最大的是蜥脚类，这种庞大的动物绝对称得上是"雷霆蜥蜴"。它们生有细长的尾和颈，前腿通常长于后腿，化石记录见于科罗拉多州、犹他州、欧洲西南部和东非，部分种类可能经欧洲迁移至非洲。

恐龙通常被描绘为笨拙、愚钝的野兽。然而化石记录表明许多恐龙动作敏捷、有智力，如迅猛龙。并非所有的恐龙都体型巨大，许多恐龙种类体型并不比现今常见的哺乳动物大。有着鹦嘴、头盾的原角龙，体被外骨甲、尾巴如棍棒的甲龙，均常见于全世界各地。

由于体重增长，有些大型双足恐龙后来演变为四足动物，它们最终发展成为体型巨大、尾长、颈长的蜥脚类，如迷惑龙（图149），其与雷龙同属一科。其他恐龙种类，例如霸王龙，可能是最凶猛的陆生食肉动物，维持两足站立不变，后腿强有力，尾部强壮用以维持平衡，前肢缩短成为几乎无用的附肢。

图148
犹他州恐龙国家公园
恐龙骨骼修复（照片
由国家公园局提供）

　　然而，作为陆生的肉食动物，霸王龙具有一个明显的弱点，其用强壮的后腿两足行走，而退化的前肢甚至不能击碎一片落叶。假如一头7吨重的霸王龙以每小时25英里（约40千米）的速度正在进行捕食而摔倒，后果将会是致命的。霸王龙极有可能以行猎兽群方式行进，包围它们的猎物，这样只需要较低的行进速度，从而减少创击发生的可能性。距今约9，000万年前，当大陆开始分解并演化出各自独立的动物群时，霸王龙正漫游于美洲大陆西部。

　　偷蛋龙是一种行走迅速的食肉动物，其字面上的意思是"偷蛋贼"，这种误称是因为起初它被认为是在侵吞其他恐龙的蛋穴。偷蛋龙化石被发现坐在蛋穴之上，24枚卵蛋整齐排列呈圆形，且薄层一端朝向外。偷蛋龙像是一只没有翅膀的鸵鸟，颈短、尾长。它坐于蛋穴中央，像鸟类那样张开两臂保护着巢穴。

　　距今7，000万～8，000万年前，偷蛋龙可能是正在保护卵蛋免受一场强烈的沙尘暴侵害，却同蛋穴一起被沙尘暴所吞没，最终形成了化石。偷蛋龙就像鸡坐在巢穴上一样，处于同样的位置。偷蛋龙是在像鸟类那样保持卵蛋的温度，免受强烈的阳光，还是在保护卵蛋，仍未完全弄清。偷蛋龙蛋穴类似于鸵鸟是一个群落巢穴，雌体将卵蛋存放其中，轮流孵卵。

巨型食草动物可能以集群方式迁徙，大型成年个体在前，幼体在中间而受到保护。在所有恐龙类群中，鸭嘴龙是最为成功者之一，其高达15英尺（约5米），生活于北极地区（图150）。它们不得不适应寒冷和黑暗，或者以集群方式经长距离迁徙至温暖气候区。白垩纪末期，三角龙大集群遍布全球，因巨大的生境变化或疾病传播在恐龙灭绝过程中才最后消亡，可能是它

图149
侏罗纪恐龙体型巨大，如迷惑龙

图150
白垩纪生活于北极地区的鸭嘴龙

导致了其他恐龙类群的衰落。

北美西部三角龙化石发现于距今7，300万～6，500万年间的沉积地层中，期间该地区是温暖浅海环境。平行排列的脚印和骨层伴有大量的遗存，表明三角龙聚集成大型兽群，并进行远距离迁徙。并非起初认为的那样像鳄鱼般爬行，三角龙类似于犀牛直立行走，可能同犀牛一样能够快速奔跑。三角龙像母牛和马那样固定膝盖，站立睡眠。三角龙在禾本科植物进化之前，已经是最主要的植食动物之一，它生有巨大的头部，重量接近半吨，用海龟状的啄和剪切牙齿啃食开花灌丛、棕榈叶和小型木质植物。

体型最大的恐龙种类包括生活于距今约1亿年前的迷惑龙和腕龙。潮汐龙是第二大恐龙，体长100英尺（约30米），体重75吨，其类似于距今约9，400万年前生活于植被茂盛海岸地区的迷惑龙。至今已发现最高和最重的恐龙可能是重达80吨的巨型雷龙，能比一个五层的建筑物还要高。地震龙是已知最长的恐龙，从头顶到尾尖体长超过140英尺（约43米），头部为细长颈部所支撑，尾长呈鞭状。巨兽龙（图151）能够与霸王龙相对抗，是迄今为止最

图151
巨兽龙是最大的食肉恐龙

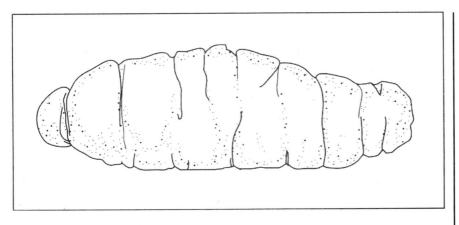

图152
粪化石是恐龙粪便化石

凶残的陆生食肉动物之一。

大型爬行动物具有无限生长的能力，成年个体不会停止生长，身体持续增大直至疾病或被猎食而失去生命。例如东南亚科莫多巨蜥能生长至重达300磅（约136千克），捕食猴类、猪和鹿。爬行动物因不停生长而具有永驻青春的能力，而哺乳动物迅速生长发育至成年，紧接着逐步衰老和死亡。

较大体型使冷血爬行动物能够较长时间保持体温。因较大的表面积—体积比率，大体型比小体型更能延缓热量流失。为此，动物不易受寒冷黑夜或多云天气等气温短期变化的影响。相反，经历长期寒冷阶段后，大体型爬行动物需要较长时间才能升高体温。肌肉同样可以产生热量，只不过爬行动物运动过程产生热量约为哺乳动物的1/4。稳定的体温能够维持代谢效率，并提高肌肉能量输出。为此，部分大型恐龙的性能可以同大型哺乳动物相比。

中生代温暖气候为包括蕨类植物和苏铁类在内的繁盛植被提供了优越的生存环境，从而可以满足植食恐龙的摄食需求。通过研究粪化石能够获取大量有关恐龙摄食的信息。粪化石是被保存为化石的大量排泄物（图152），通常为管状和球形的组合。恐龙粪化石可以是大块体的，甚于大过一条面包。

粪化石经常被用来判定灭绝动物的摄食习性。例如，植食恐龙粪化石是黑色的，呈块状，常充满植物残体。肉食恐龙粪化石呈纺锤状，含有所进食其他动物的骨骼碎片。有些恐龙种类吞食卵石，被称为胃石，类似于现代鸟类为将胃内的植物碾碎为浆状物所进食的砂粒。这种被称为胃石的圆形、磨光卵石被堆集在恐龙死亡地点，有时胃石堆积也被发现于中生代沉积物之上。

巨型植食恐龙如迷惑龙和剑龙（图153）发育出了大容量的胃来消化坚

图153
剑龙是鸟臀目恐龙，具高度发育的骨板和骨质刺，见于科罗拉多州和怀俄明州上侏罗系岩层中

硬的纤维叶，而这需要巨型身体来承担负荷。恐龙生长至如此巨型躯体原因可能与犀牛、大象等大型有蹄类动物相同。大部分大型恐龙都是植食性的，消耗大量粗纤维，需要很长时间进行消化。消化液会进一步分解那些坚硬物质，并且长时间的发酵过程要求其具有强大的存储能力。

大型植食性恐龙推动了以其为猎食对象的巨型食肉恐龙的进化，如霸王龙，可能是食肉恐龙中最凶猛的。由于重力作用，巨型恐龙无法再继续生长得更大。当动物身体增大1倍，则其骨骼所承受重量变为原来的4倍。唯一的例外是永久生活在海洋中的恐龙，就像现代鲸鱼，有些比最大的恐龙还要大；海水浮力可以抵消骨骼重量。如果该种动物偶然搁浅在岸边，就像有时鲸鱼那样，它将窒息而死，其骨骼会因无法支撑身体重量而刺入肺中。

大型恐龙中的许多科属，包括迷惑龙、剑龙和异龙（图154），在侏罗纪末期灭绝。异龙是肉食性恐龙，具有深厚颅骨来抵御猎食过程的剧烈撞击。异龙会伏击其猎物，张开双颚高速向猎物冲击，将锋利牙齿刺进猎物的血肉中。

大型恐龙灭绝之后，小型动物开始爆发，并控制了由大型恐龙腾出的生

图154
异龙是侏罗纪末期灭
绝的几个恐龙科属之
一（图片由加拿大国
家博物馆提供）

境。大部分生存下来的动物为局限于淡水湖泊和沼泽的水生动物及小型的地栖动物。由于数量极大，许多小型的非恐龙动物和白垩纪末期从恐龙灭绝事件中存活下来的动物，得以在气候波动过程中找到避难场所。

盘古大陆解体

在整个地球演化历程中，陆地经历着周期性的碰撞和分裂。小型陆块相互碰撞，结合为较大的陆地。数百万年后，陆地分解开来，裂缝充满海水，形成新的海洋。现今同太平洋洋盆相接壤的地区，彼此并未相连接。太平洋是被称为泛大洋的古海洋残存物，它伴随现今大西洋占据位置地区陆地的分解、扩散和集结而发生收缩与扩张。

在大西洋洋盆邻近地区，几个海洋重复张开和闭合，然而在太平洋洋盆地区持续存在一个独立的大洋。早侏罗纪距今约1.8亿年前盘古大陆解体后，太平洋板块面积已经与美国相当。随太平洋板块生长，由其他不知名板块构成的逐渐洋底消亡。因此没有任何洋壳的年代不会早于侏罗纪。

侏罗纪是一个混乱的时期。在侏罗纪盘古大陆解体为现代大陆，产生裂隙充满海水，形成了大西洋。在大陆彼此分离过程，海平面和气候剧烈波动。然而生命经受了长达数百万年的地质巨变，所受影响却很小。

当盘古大陆分解为现代的各个大陆（图155）后，在现今加勒比海地区形成了大裂隙，其向北切断了北美、西北非和亚洲大陆间的联结陆壳，大西洋开始扩张。该过程沿一条几百英里宽的地带持续了几百万年。期间玄武岩岩浆上涌，削弱陆壳，导致北美大陆和亚欧大陆分离。火山玄武岩熔岩流事件都是短期事件，其持续时间通常少于300万年。

印度半岛居于原先非洲大陆和南极大陆之间，是从冈瓦纳大陆漂移开来的。南极大陆此时仍与澳洲相连，同非洲分离向东南方向移动，形成了原始

图155
盘古大陆解体，陆地漂移至今的位置

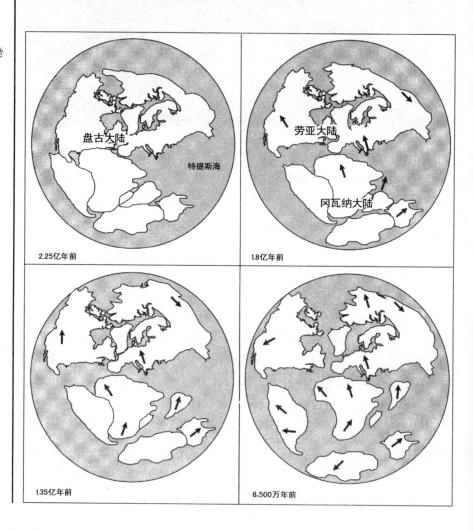

印度洋。分隔大陆的缝隙破裂，海水涌入后形成了原始北大西洋。此时大西洋海底洋脊仍高出水面，从而为东西半球间动物迁徙提供了跳板。

距今约1.25亿年前，原始北大西洋深度约为2.5英里（约4千米），产生新洋壳的活跃大洋中脊将其一分为二。与此同时，南大西洋开始形成，像拉链般由南向北伸展，向北的裂缝每年扩张数英寸，与板块分离速率相当。形成南大西洋的过程仅需约500万年时间。距今约8,000万年前，北大西洋发育完全，2,000万年以后大西洋断裂进入北极地区，从而将格陵兰从欧洲大陆分离了出来。

大陆解体后会加速运动，而非匀速漂移。大西洋海底扩张速率同太平洋板块俯冲速率相当，在俯冲消亡带一个板块俯冲进入另一板块之下，形成了深海沟。正因如此，太平洋洋壳可追溯的年代不会早于早侏罗。太平洋洋盆边缘地区强烈的地质活动产生了面向太平洋的系列山脉和周边的岛弧。

大部分的北美西部地区由岛弧和其他的地壳碎块聚集而成，当北美板块持续向西运动时，会掠取太平洋板块的一些碎片。距今约2亿年前，北加利福尼亚由一团混乱的地壳碎片集结而成。在俄怀明州中部，一条几乎完整的洋壳因板块漂移而被推挤至大陆之上。中侏罗至侏罗纪晚期之间，加利福尼亚州内华达造山运动形成了内华达山脉（图156）。

盘古大陆解体后压缩洋盆，导致海平面上升，海侵使海水进入了陆地。

图156
加利福尼亚州图拉利县红杉国家公园柯恩峡谷全景，背景为内华达山脉卡威亚群峰（照片由F.E.Matthes拍摄，美国地质勘探局USGS提供）

201

图157
中侏罗纪北美大陆的
内陆海

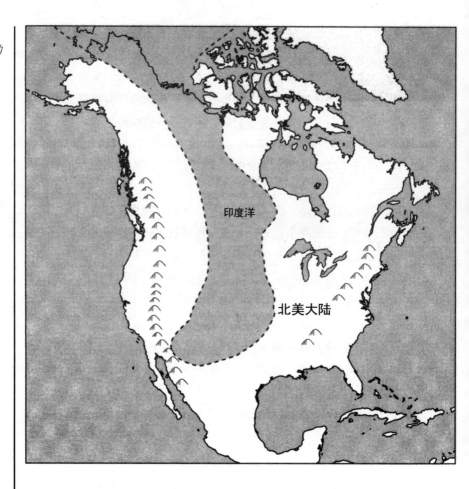

同时，火山熔岩流增加，陆壳上形成了大量玄武岩。火山活动增强，增加了大气二氧化碳含量，引发强烈的温室效应，形成了中生代温暖的气候状况。

大陆解体和扩散可能造成了大量恐龙种类的灭绝。大陆漂移改变了全球气候模式，给世界各地带来不稳定的气候条件。这个时期出现了地球形成以来火山活动最活跃期的大量熔岩流，给地球气候和地质环境的稳定带来严重影响。

海侵

在地球整个演化历程中，处于运动状态的几大地壳板块重塑和重新排列着陆地和洋盆。陆地分解会抑制洋盆，驱使海水流出海盆，从而导致海平面上升了几百英尺。海平面上升淹没了内地低海拔地区，海岸和浅水海洋生境面积得以急剧增大，这样可供养更多的生物物种。

绝大部分海洋生物生活于大陆架、岛屿浅水区以及水深低于600英尺（约183米）的水域。热带地区浅水动物群最为丰富，包含大量的特有物种。物种多样性取决于大陆形状、陆地边缘宽度、内陆海延伸范围及为海洋提供养分的沿岸山地，所有上述因素均受大陆运动的影响。

大范围造山运动同样与地壳板块运动相关。陆地岩层隆升会改变流域模式和气候状况，转而影响陆地生境。陆地抬升至较高海拔会使空气变得稀薄、气温下降，促使冰川冰发育生长，尤其在高纬度地区。而且散布地球各地的陆地会阻挡洋流，影响地球热量传输。

从侏罗纪一直持续到白垩纪，内陆海（图157）持续流入北美大陆中西部。源自西侧科迪勒拉山系侵蚀物质的大量海相沉积物堆积在科罗拉多高原陆相红层之上，形成了侏罗系的莫里森组，后者因发现有大型恐龙骨骼化石（图158）而闻名。墨西哥东部、南得克萨斯州和路易斯安那州同样为海水淹没，南美、非洲和澳大利亚同样如此。

图158
怀俄明州克罗沃里附近豪农场采石场的恐龙骨骼化石堆放地（照片由G.E.Lewis拍摄，美国地质勘探局USGS提供）

陆地变得平坦，山地低矮了，海平面升高了。北美地区为海水所侵浸，厚层海相沉积物抬升并遭受侵蚀，形成了美国西部令人难忘的景象。古特提斯洋造礁生物活动强烈，在欧亚内陆海域发育出厚层灰岩和白垩沉积，这些沉积层在后期重大造山运动期又被抬升。

在本章讲述侏罗纪的鸟类和巨型恐龙之后，下章将讲述温暖白垩纪的生命形式和陆地形态，以及恐龙大灭绝。

12

白垩纪珊瑚

热带生物时代

本章介绍白垩纪生物和陆地形态，以及恐龙的灭绝。白垩纪距今1.35亿~0.65亿年，因拉丁文中"creta"而得名，是指世界范围内广泛分布的巨量碳酸盐岩沉积物。白垩纪是显生宙最温暖的时期，可由组成大规模石灰岩沉积的大量珊瑚礁得到印证（图159）。明媚的阳光和温暖的海洋对珊瑚和其他热带生物生长很重要，这些生物分布于从低纬一直到高纬的广大地区。珊瑚礁生长在大陆边缘，覆盖在已停止喷发的海洋火山的山顶上。

温暖气候对可生长至巨大尺寸的菊石尤其有利。它们成为白垩纪海洋的统治者。恐龙在白垩纪高度发展，但在白垩纪末期连同菊石和其他物种神秘

绝迹。灭绝很显然是由某种灾变引起，这种灾变产生了对于地球上大多数物种来说无法忍受的生存条件。

菊石时代

白垩纪珊瑚礁广泛分布在赤道两侧1,000英里（约1,600千米）的范围内。不同的是，今天它们被限制在热带区域。珊瑚在古生代早期就开始构建珊瑚礁，并形成了堤礁和环礁。堤礁和环礁是大规模的生物建造物，由岩化为石灰岩的碳酸钙构成。大堡礁位于澳大利亚东北海岸绵延1,200英里（约1,930千米），是由活体生物建造的最大的地貌景观。

苔藓虫是早白垩纪海洋中一种像苔藓一样的水生动物，具有外壳和其他硬质表面，已存在了超过3亿年。就像大多数浅水无脊椎动物，苔藓虫在三叠纪是稀少物种。然而它们在侏罗纪和白垩纪经历了大规模扩张，一直到晚白垩纪。在白垩纪早期，苔藓虫进化成两种主要的门类，即圆口纲脊椎动物和早期唇口类苔藓动物。这些物种的快速生长发育和丰富的多样性把旧有的低等生物群体驱逐出去。典型的带壳生物在白垩纪晚期成为苔藓虫的主要门类，在现今同样仍占据着一定位置。生物物种占据了海洋的各种深度空间，而且包含一些适应淡水生活的稀有种类。它们自白垩纪以来，已存在了约1.4亿年。

海绵体生物在中生代热带特提斯海中是一种常见的造礁生物，尤其是在白垩纪。类似的六射珊瑚分布在从三叠纪一直到现在的年代，是中生代和新生代的主要造礁物种，在特提斯海它们经历了最繁生和最富多样性的时期。腕足类在侏罗纪达到顶峰，然后衰落。腹足动物包括蜗牛和鼻涕虫等，在白垩纪最丰富，这时现代食肉动物类别出现。腹足动物在整个新生代数量和种类都在增加，并且直至现在其多样性仅次于昆虫。

厚壳蛤类是造礁蛤类中重要的一类，局限于晚侏罗纪和白垩纪海洋中。海胆纲动物，包括海胆，在侏罗纪和白垩纪变得丰富起来，但是随后就趋于沉默。环节动物的管状器官在白垩纪海相地层中很普遍。一些海百合的星状柱体（图160）在三叠纪和白垩纪岩石中偶尔也会出现。浮游海百合类动物在晚白垩纪经历了一次大规模爆发进化，使得它们在确定岩石年代时很有用。

头足类动物是最壮观、多样和繁生的中生代海洋无脊椎动物。鹦鹉螺可

图160
肯塔基州弗莱明县克里克组灰岩地层中呈星状柱体的海百合（照片由R.C. McDowell拍摄，美国地质勘探局提供）

图161
*陈列于南达科他矿业
学校（拉皮德城分
校）地质博物馆中的
白垩纪菊石化石*

以长到30英尺（约9米）或者更长。因为具有流线型的壳，它们属于深海运动最迅速的一类。菊石是最重要的头足类动物，拥有多种螺旋贝壳形态（图161），可由它们复杂的缝合图案区分。这让它们成为确定中生代岩石年代最重要的标志性化石。

菊石壳体被分成多个气室。缝合线连接气室，其特征对菊石系统分类具有重要意义。空室浮力能够平衡生长壳体的重力。壳体在一个平面内旋卷，大部分呈螺旋形，其他的呈直壳，这让菊石的游速不快，运动连贯性差。多种多样的螺旋贝壳形式让菊石成为确定新生代和中生代地层年代的有效标准化石。在整个中生代，菊石壳体类型稳步发展。头足类动物成为深海最迅捷的生物之一，能同鱼类相竞争。

距今3.5亿年以来，1万种菊石动物曾在海洋中遨游。然而生活在晚三叠纪的25个菊石科中，除一两个科之外，其余全部在晚三叠纪绝迹。而最终免遭灭绝的菊石动物在侏罗纪和白垩纪演化进化出几十个菊石科属。菊石主要生活在中等深度的海水中，同现生的鱿鱼和乌贼具有很多共同特征。鹦鹉螺通常被称为活化石，它是菊石现在仍存活的仅有近亲生物，可生活在最深2，000英尺（约600米）的深海中。

箭石类拥有长的子弹形贝壳，起源于原始鹦鹉螺，与现今的鱿鱼和章鱼同源。箭石类在侏罗纪和白垩纪特别繁盛，在第三纪灭绝。多数箭石类物种的贝体是直壳，而其余壳体呈松散螺旋状。箭石类壳体的空室部分比菊石小，外壳壁增厚呈雪茄状。

在二叠纪向三叠纪的关键过渡时期幸存下来，从中生代的严重挫折中恢复过来之后，菊石在白垩纪晚期不幸遭遇灭绝。当时海退严重缩减了世界范围内的浅水栖息地。菊石经历了约200万年的衰落期，可能最终在白垩纪结束前10万年时灭绝。

一种游行速度快、能破碎贝壳的海洋食肉动物名叫鱼龙，可能首先通过从背后刺穿菊石贝壳来猎食。这样就使得菊石充水，沉入海底。然后，鱼龙从菊石易受攻击的前端口发起攻击。该种具有高度侵略性的捕猎者可能是导致大多数菊石动物在白垩纪结束之前灭绝的原因。

除鹦鹉螺之外，新生代海洋中没有生长贝壳的头足类动物。鹦鹉螺只发现于印度洋的深水层中。鹦鹉螺和无贝壳物种，包括乌贼、章鱼和鱿鱼，是菊石现存的仅有的近缘生物（图162）。鱿鱼直接同鱼类相竞争，其受灭绝事件影响较小。其他在白垩纪末期灭绝的主要海洋生物群，包括巨型厚壳蛤类和珊瑚状蛤类，及其他类型的蛤类和牡蛎。

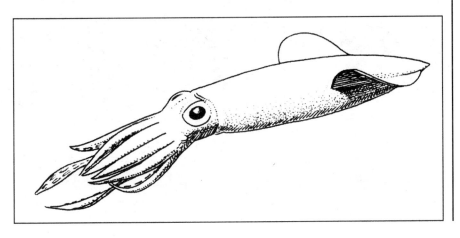

图162
鱿鱼是最繁盛的头足类动物之一

被子植物

中生代是一个过渡时期，尤其对于植物来说更是如此。中生代早期植物和晚期植物相似性较小。晚期植物同现生植物更为接近。裸子植物起源于二叠纪，包括松类、银杏和类棕榈的苏铁，它们的种子裸露着。蕨类植物曾经在高纬度繁生，然而现今它们只生存于温暖的热带。

同棕榈很相似的苏铁也高度繁生，在所有的主要大陆上均有分布，可能是食草类恐龙的食物。分布于中国华东地区的掌叶铁线蕨是银杏现存的唯一亲缘物种。银杏可能是最古老的种子植物，可生长至100英尺（约30米）高、直径5英尺（约1.5米）的松树是地表主要的风景。松树硅化木在黄石国家公园尤其丰富（图163）。

距今1.1亿年前，早白垩纪植物经历了一场根本的变革，引入了被子植物和花卉植物，同时推动了一些传粉昆虫演化的进化。植物为传粉者，比如蜜蜂和鸟类，提供了有鲜艳的花朵和芳香的花蜜。不经意的入侵者沾上花粉，然后携带至要访问的下一花朵，实现授粉。很多被子植物也依赖于

图163
怀俄明州黄石国家公园标本岗北壁上三颗最主要的硅化木桩（照片由美国国家公园局提供）

动物替它们传播种子，种子藏身在可口的果实中，经过消化器官，被撒落至远处。

被子植物的突然出现和它们最终对植物界的统治仍然是个谜。被子植物可能发源于泛古陆分裂时形成的杂草丛生的裂谷中。最早的被子植物生活在茂盛的裂谷中，生长为高大植物，长成木兰树那样高。然而，发现于澳大利亚的化石表明早期的被子植物是小型的类草本植物。在被子植物引入后的几百万年内，高效的开花植物取代了曾经繁生的蕨类和裸子植物。被子植物发育出了导水细胞，被称为导管分子，使先进的被子植物能够抵御干旱的气候条件。在导管出现之前，植物被限制在湿润地区，如热带雨林中的矮小树丛。

至白垩纪结束时，被子植物已分布于世界各地。现今被子植物包括大约25万种树、灌木和草本的物种。主要的现代植物种类在第三纪早期时便已存在（图164）。被子植物统治着植物世界，并且所有现代科目都已经进化了约2，500万年。草本是最重要的被子植物，它们为有蹄类哺乳动物提供食物。有蹄类动物的食草习性随着大范围草地出现而进化，这些草地促进大型食草哺乳动物和捕猎它们的凶猛食肉动物的演化进化。

白垩纪末期森林扩展到极地区域，远超过现今的树线。最引人注目的例子是南极洲亚历山大岛上保存完好的化石林。由于植物对于缺乏热量比缺乏阳光更为敏感，为了能在严酷的环境下生存，树木必须形成一种御寒的方法。它们可能形成了最大获取太阳光能地高效运行机制。

长有果球的植物在整个中生代都占据统治地位，但在新生代仅居第二位。中生代广泛分布的热带植物退缩至赤道两侧的狭长区域，是因为不能适应干冷的气候环境造成的，干冷气候是由大陆整体隆升和内陆海干涸造成的。曾生长巨型阔叶林的蒙大拿等北方地区，如今生长着稀疏的针叶树，这是寒冷气候的一项标志。

白垩纪结束时，被子植物的崛起可能导致了恐龙和一些海洋物种的灭绝。通过从大气中大量吸收二氧化碳，被子植物导致全球降温。白垩纪结束之前，恐龙最喜欢的食物阔叶林和灌木大量缩减，这也可能是恐龙衰落的原因之一。

拉腊米（Laramide）造山运动

北美西部大部分地区隆升开始于距今8，000万年前。从墨西哥北部到加

图164
靠近科罗拉多州特立尼达德附近拉顿组中的一片树叶化石（照片由W.T.Lee 拍摄，美国国家地质勘探局提供）

拿大的整个落基山脉（图165）抬升至海平面以上约一英里（约1.6千米）。该造山期被称为拉腊米（Laramide）造山运动，是由北美大陆西海岸下伏洋壳俯冲而造成，导致地壳弹性增强。加拿大落基山脉由沉积岩碎片组成，这些沉积岩碎片从下部基岩连续不断地分离出来，并在顶部向东推进。在过去的2,000万年期间，内华达山脉和南落基山脉之间的区域发生过一次强烈隆升，导致该区域抬高了超过3,000英尺（约900米）。

自晚寒武纪开始，落基山地区接近了海平面。在拉腊米运动之前的

8,000万年间，海岸向西400英里（约600千米）地域范围内，一个同现今安第斯山脉相当的山带形成于俯冲区之上。白垩纪塞维尔造山运动形成了犹他和内华达地区的掩冲断层带。犹他州东部至得克萨斯州的狭长区域在晚古生代古落基山造山运动时期产生了变形，在拉腊米运动时期被完全侵蚀。距今8,500万～6,000万年期间，落基山脉山前地区沉降了2英里（约3.2千米），然后隆升到海平面以上，并在距今3,000万年前达到现今的海拔高度。

在落基山脉西侧，众多平行断层切穿加州内华达山脉与犹他州瓦沙奇山脉之间的盆岭区，形成了系列南北走向的断块山。盆岭区覆盖了俄勒冈州南部、内华达州、犹他州和加利福尼亚州东南部，以及亚利桑那州南部和新墨西哥州。地壳受断层控制而被分割为众多陡峭的块体，隆升至高出盆地将近1英里（约1.6千米），形成长达50英里（约80千米）的平行山系。

死亡谷（图166）海拔低于海平面280英尺（约85米），是北美大陆的最低点。该地区在白垩纪时曾被抬升至几千英尺的海拔高度，大陆地壳因受大范围块状断层作用而变薄塌陷，使一个地壳块体陷至另一块体之下。大盆地（Great Basin）地区是一条广阔山脉和高原的遗迹，这些山脉和高原在拉腊米造山运动因地壳而伸张而发生塌陷。

图165
从科罗拉多州南方公园北部的拉夫多山口向西南方向看落基山脉

图166
位于加利福尼亚州因约郡的死亡谷盐池、冲积扇和断层崖（照片由H. Drewes 摄影，美国地质勘探局提供）

犹他州中北部正在隆升的瓦沙奇山脉（图167）是南北向系列断层的极好的实例。断块延伸了80英里（约130千米），西侧总短距为18，000英尺（约5，500米）。怀俄明州西部提腾山脉东侧抬升，西侧下陷。板块碰撞和俯冲形成了中安第斯山和南美，通过类似的挤压上升过程形成了落基山脉。

图167
犹他州中北部的瓦沙奇山脉（照片由R. R. Woolley摄影，美国地质勘探局提供）

214

纳斯卡板块俯冲至南美板块之下，安第斯山因地壳浮力增大而继续抬升。

白垩纪暖期

在白垩纪，动物和植物均高度繁生，分布于两极之间所有地区。深层海水温度现今接近0℃，而白垩纪时大约是15℃。地表平均温度比现今高出10~15℃。极地比现今更为温暖，赤道和极地间的温差只有20℃，是目前两者温差的一半。

大陆漂移进入温暖的赤道水域，这可能是白垩纪气候温暖的原因。距今1.8亿年前大陆开始分离，气候急剧变暖。陆地变得平坦，山脉变低，海平面升高。不过该时期的地理格局虽然很重要，但并不能完全解释当时的温暖气候。

大陆运动比现今快，白垩纪经历了可能是地质历史上最为活跃的板块构造运动。距今1.2亿年前，一场大规模的海底火山爆发侵袭了太平洋地区，喷发出大量富气岩浆到洋底。火山爆发的证据是几乎同时形成的巨大海底熔岩高原群，其中最大的是安藤-爪哇海底高原（Ontong Java），面积约有澳大利亚面积的2/3。该海底高原包含至少900万立方英里（约3,750万立方千米）玄武岩，如果覆盖在整个美国上面厚度能达到3英里（约5千米）。

火山爆发此起彼伏，使海洋地壳增加了50%。火山活动性增强是地球变暖最根本的原因，其排放二氧化碳的量相当于现今大气圈二氧化碳总量的4~8倍。结果，全球平均气温比现今高出7.5~12.5℃。

在接下来的4,000万年，地质历史时期周期性的地磁极性倒转稳定下来（表10）。其原因是造成大规模玄武岩喷发的地幔柱状熔岩流产生了地磁定

表10　地磁极性倒转和其他现象的比较 (百万年前)

地磁场反转	异常寒冷	陨石活动	海平面下降	生物灭绝
0.7	0.7	0.7		
1.9	1.9	1.9		
2.0	2.0			
10				11
40			37~20	37
70			70~60	65
130			132~125	137
160			165~140	173

向效应。大规模火山活动增加了大气中二氧化碳的含量，形成了过去5亿年期间全球最为温暖的气候。二氧化碳为绿色植物提供碳源，使绿色植物能够生长至庞大的尺寸，同时为植食性恐龙提供食物。

白垩纪极地森林延伸至南北纬85°，在现今冰雪覆盖的南极大陆上，古森林的石化残留物可印证这一点。横贯南极山脉煤层是世界上最庞大的煤层之一，为当时孕育了茂盛植被的温暖气候提供了证据。鳄类动物生活在与拉布拉多同等纬度的高纬地区，而现今它们仅局限在温暖的热带地区生活。白垩纪时鸭嘴龙同样也能生活在北极和南极区域。

大陆的位置是在中生代大部分时期内气候温暖的因素之一。白垩纪时，陆地聚集在赤道附近，使洋流能够把热量传输至两极地区。高纬海洋比陆地反射率低，因此能够吸收更多的热量，使气候变得温和。

内陆海

晚白垩纪和早第三纪，海洋侵入陆地，陆地边缘洪水泛滥，形成了很多大型内陆海。内陆海将陆地分成两半。北美大陆被内陆海分成落基山脉和高平原区。南美大陆后来演变成亚马逊平原的区域被分成两半。亚欧大陆被特提斯海和新形成北冰洋的连接体所分开。

白垩纪海洋在赤道地区由特提斯海和中美洲海道连通起来（图168）。它们形成独特的环球洋流系统，使气候变得稳定。山地海拔降低，海平面也升高了。陆地总面积缩减为现今的一半。早三叠纪时阿巴拉契亚是一条壮观的山脉，白垩纪时被强烈侵蚀。侵蚀同样使亚欧大陆耸立的山脉摇摇欲坠。

大量的石灰石和白垩沉积物沉积在欧洲和亚洲陆地上，这就是白垩纪得名的原因。海洋侵入了亚洲、非洲、澳大利亚和南美洲，以及北美大陆内部。距今约8,000万年前，西部内陆海道（Western Interior Cretaceous Seaway，图169）是个深度较浅的水体，它将北美大陆分成西部高地和东部丘陵地带。西部高地包括新形成的落基山脉和孤立火山。东部丘陵地带包括阿巴拉契亚山脉。

由隆升的落基山脉向东，是一片广阔的滨海平原，由从山脉上侵蚀搬运至内陆海道西岸的厚层沉积物组成。这些沉积层随后被岩化，并且发生隆升。现在它们演化成为美国西部令人印象深刻的悬崖峭壁（图170）。由海岸线向陆地的一定距离内，是广阔的湿地，茂密植被在亚热带气候环境中

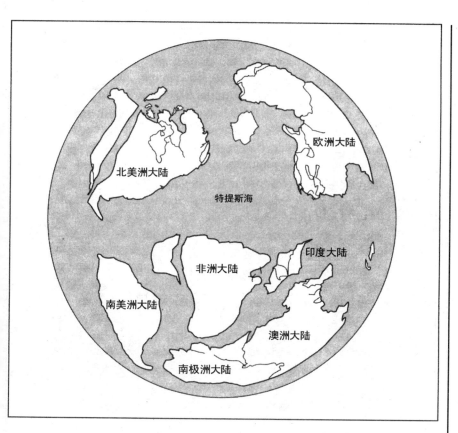

图168
晚白垩纪特提斯海周围陆地分布

生长着。栖息在这些地区的有鱼类、两栖类动物、海龟、鳄鱼和原始哺乳动物。恐龙包括食草的鸭嘴龙和三角恐龙，还有捕食它们的食肉恐龙也生活在这里。

至白垩纪末期，除了一些跨格陵兰到北方地区的陆桥之外，北美大陆和欧洲不再相连。阿拉斯加和亚洲间的海峡变窄，形成了被陆地包围的北冰洋。南大西洋继续变宽，导致南美和非洲被海洋分离开超过1，500英里（约2，400千米）的距离。非洲向北运动，开始关闭特提斯海，将同澳大利亚相连的南极大陆落在了后面。

随着南极大陆和澳大利亚继续朝东移动，一条裂谷不断发展最终将它们分离开来。两者分裂之后，澳大利亚向低纬度移动，而南极大陆漂向南极地区，并且堆积形成一个巨大的冰盖。同时，向北漂移的印度次大陆使它和南亚之间的裂缝以每年2英寸（约5厘米）的速度变窄。在印度次大陆漂移过程中，从冈瓦纳大陆分离出去之后，印度次大陆没有哺乳动物生存，直至它与亚欧大陆相撞。

图169
白垩纪古地理格局，
北美大陆形成一个主
要的内陆海

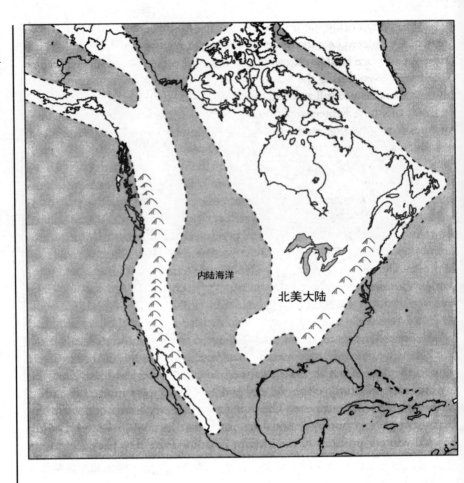

图169
白垩纪古地理格局，
北美大陆形成一个主
要的内陆海

（图中文字：内陆海洋　北美大陆）

　　中白垩纪时，澳大利亚仍然与南极大陆相连，在南极圈附近徘徊着，并发育出厚层冰盖。由异地运移而来的巨砾散布在中部大沙漠上，说明距今1亿年前温暖的白垩纪时期该地区存在冰体。此时，澳大利亚仍然与南极大陆相连，并且横跨南极圈，而南极圈内冬天没有太阳照射，非常寒冷。高纬大陆内部寒冬时节气温难以维持在0℃以上，因为它们无法从海洋中获取热量。

　　如同大多数的白垩纪大陆，澳大利亚大陆内部形成了一个巨大的内陆海。陆地平坦了，海平面比现今高出几百英尺。沉积物在海底沉积并岩化为砂岩和页岩。随后陆地隆升、海洋退缩，它们暴露在地表上了。在澳大利亚漂移至亚热带地区之后，大陆的中部变成一个大沙漠。在沉积物中间零星分布一些外观奇特的巨砾，这些巨砾是从别处运移而来的，被称为"飞来石"（dropstone）。它们通常直径达10英尺（约3米），自远处搬运而来。水流或者泥流无法搬运这些砾石，因为急流会破坏由细粒砂岩和页岩组成的平坦的沉积物。

在沙漠之中，这些奇怪的石头出露地表的景象，指示着它们是由浮冰承载并携带至海面的。当冰体融化，巨大的岩块就沉降在海底。它们的撞击会扰动下伏的沉积层。巨砾显然不是永久性冰川沉积带来的，而是由一些冬季形成的季节性的冰块所携带的。在寒冷的冬季，部分内陆海岸冻结成冰块。破碎冰块组成的河流携带巨砾流入内陆海，并在远离海岸60英里（约100千米）的地方沉降下来。

白垩纪冰筏搬运砾石的证据还存在于世界其他地区的冰成土壤中，如加拿大北极地区和西伯利亚。这表明即使在地球历史上最温暖的时期内，高纬度地区仍然处于寒冷气候中，易于发育出冰体。巨砾在其他温暖地质时期内的沉积物中亦有发现。冰筏作用在现今的哈德逊湾同样有发现。

白垩纪结束时，因海面下降而发生海退，气候逐渐变冷。白垩纪末期被称为"马斯里奇特阶"，是白垩纪最寒冷的时期。全球气温下降，气候季节差异增大，使全球范围内风暴增多，强劲的风力给地球带来了浩劫。

白垩纪并未发现重大冰期活动的证据。然而大多数喜暖物种，尤其是生活在特提斯海中的生物，在白垩纪结束时神秘消失了。灭绝过程是渐进的，发生在一个100万～200万年的时期内。而且，这些物种已经处在衰落的过程中，包括恐龙和翼龙，可能正在经历着生命的最后挣扎。

图170
科罗拉多州蒙特苏马县米撒佛得国家公园白垩纪曼柯斯页岩和米撒佛得组地层（照片由L. C. Huff摄影，美国地质勘探局提供）

小行星撞击

　　白垩纪结束时，恐龙伴随70％的已知物种绝迹了。白垩纪和第三纪之间的界线，被地质学家称为"K-边界"，并不是一个急剧的突变，而可能是代表着100万年或更长的时段。这次灭绝事件不是突发性的，可能延续发生较长的一段时间。众多恐龙伴随其他的一些物种在白垩纪结束前数百万年前就已经开始衰落。庞大的三角龙（图171）兽群曾遍布整个地球，它可能导致了其他恐龙的衰落，三角龙也是最后绝迹的恐龙中的一类。

　　一种学说试图解释恐龙和超过70％的其他物种在白垩纪结束时灭绝的原因。一颗或更多的大型小行星或彗星曾撞击地球，引发了100万亿吨炸药当量的爆炸，等同于100万次圣海伦斯火山（Mount St. Helens）爆发。在墨西哥湾发现了厚达3英尺（约0.9米）的球粒层，被认为同距今6,500万年的墨西哥尤卡坦（Yucatan）半岛希克苏鲁伯陨石（Chicxulub）撞击密切相关。球粒类似于碳质粒状陨石中的陨石球粒，后者为月壤中的富碳陨石。

　　撞击事件将5,000亿吨碎片抛向大气中。炽热的撞击坑碎片在大气中四处飞散，将全球范围内的森林点燃。剧烈的灾祸烧掉了大约1/4的大陆植被，把地球大部分地区变成浓烟灰烬。整个地球为尘土和烟灰所覆盖，延续

图171
白垩纪末期庞大的三角龙兽群在世界各地漫游

几个月之久，使地球变冷，光合作用不得不停止。地球陷入了环境灾难中。

这种规模的大灾难破坏了大部分的陆地生境，造成悲惨的灭绝。据估计，没有重量超过50磅（约23千克）的动物能在灭绝中幸存下来。陆生动物中体型巨大成为严重的劣势。生活于热带、依赖稳定温度和阳光的物种，如造礁生物群体遭受尤其严重的打击。例如，建造礁体结构的厚壳蛤类，随着半数的双壳类动物完全绝迹。

众多的陨石撞击会破坏上层大气的臭氧层，将地球暴露在致命的太阳紫外线辐射之下。增强的辐射会杀死陆生植物和动物，以及海洋表面的初级生产者。体型小于啮齿类动物的哺乳动物与恐龙共存了超过1亿年。然而，由于它们多是昼伏夜出，白天停留在地下洞穴中，只在夜间出来觅食，哺乳动物得以逃离了白天紫外线的侵害。

陨石撞击事件后，地球在浓厚的棕色氧化氮雾气笼罩之下，整整1年昏暗无日。表层水被由土壤和岩石溶解出的痕量金属毒化，在全球降水的腐蚀能力和电池酸液差不多，对陆地生物造成了致命的伤害。通过种子和根存活的植物，可能因为这个原因没有受损。强酸性会溶解海洋生物的碳酸钙质贝壳，而那些硅质壳生物在关键时刻存活下来。生活在洞穴中的陆生动物被很好地保护起来。生活在湖水中的生物因酸雨得到稀释，也从陨石撞击事件中存活下来。

撞击事件导致被称为钙质微型浮游生物的海洋微体植物大范围灭绝，这种钙质微型浮游生物能制造一种有助于成云过程的硫化物。随着这些生物死亡，云量急剧下降，引发了全球性的热浪，足以杀光恐龙和多数的海洋物种。这个论点可由化石记录印证。海洋温度在白垩纪结束几万年之后升高了5~10℃。在一个接近50万年的时期内，超过90%的钙质微型浮游生物和上层海洋的生命几乎全部消失。

在白垩纪和第三纪的边界（图172）、年代为6，500万年的沉积物在世界各地均有发现，包括片状石英颗粒、源自全球森林火灾的烟灰、已知只存在于陨石中的稀有氨基酸、超石英（一种二氧化硅的超高压多形体，只发现于已知的撞击地区）和铱富集体等（铱是铂的一种稀有同位素，富集于陨石和彗星，不存在于地壳）。

地质记录中保存着其他陨石撞击的线索，比如与大灭绝时期相一致的异常的铱富集。但是，铱富集浓度水平和标志着白垩纪结束的地层并不一致，是本底水平的1，000倍。这意味着白垩纪末期大灭绝是地球历史时期中独一

图172
科罗拉多州格尔登市南太波山西南坡，白垩纪和第三纪的边界位于图中人所处位置下方10英尺（约3米）（照片由R. W. Brown摄影，美国地质勘探局提供）

无二的事件。

在讨论完温暖白垩纪时期的生物之后，下一章将介绍第三纪哺乳动物进化和当时的地质环境。

13

第三纪哺乳动物

高等动物时代

本章将要介绍第三纪哺乳动物的进化和地貌的变化。新生代开始于距今6,500万年前，被称为"哺乳动物的时代"。由于哺乳动物具有高度多样性，现生植物和动物物种数量比其他地质历史时期多得多。早第三纪草本植物的出现推动了有蹄类动物和捕食它们的食肉动物演化进化。原猴亚目动物出现，产生了猿和人科动物的祖先——类人猿。

与其他任何相同时间跨度的地质历史时期相比，第三纪极端的气候和地形产生了更富多样性的生境。严酷的环境向植物和动物提出了挑战性。生物广泛侵入不同的生境。第三纪是一个不断变化的时期，生物必须适应多样的生境。大陆朝现今位置的运动和形成世界上大多数山脉的剧烈的造山运动导致了气候模式的变化。

哺乳动物时代

最早的哺乳动物是体型微小、形如老鼠的生物，出现于距今2.2亿年前的晚三叠纪，大概与恐龙同时出现。随后这两类动物共存了约1.5亿年之久。哺乳动物由体积大的冷血动物进化而成，这些冷血动物是爬行动物的后代。哺乳动物是似哺乳类爬行动物的后代，似哺乳爬行动物在距今1.6亿年前因恐龙而灭绝。哺乳动物在盘古大陆（Pangaea）分裂之后开始形成新的分支。多瘤齿兽可能是曾经生存过的最有趣的哺乳动物类群。多瘤齿兽与恐龙在同一时期进化而成，在恐龙绝迹很久之后距今3，000多万年前灭绝。

现今发掘的最古老的哺乳动物骨骼之一是有着1.4亿年龄的对齿兽类。它成为连接卵生动物和胎生哺乳动物的纽带。距今1.2亿年前一种古怪的、鼠类大小的动物靠类似哺乳动物的前腿和类似爬行动物的后腿行走。这种动物是所有现生哺乳动物的共有祖先的近缘物种。距今约1亿年前，泛古陆分裂之后，环境变得适宜，哺乳动物开始进化出新的分支。

早期哺乳动物（图173）经过1亿年以上的演化，进化为原始兽亚纲哺乳动物，后者是所有现生有袋目动物和有胎盘哺乳动物的祖先。在这期间，哺乳动物更为进化，并且更加适应了陆地环境。哺乳类动物的牙齿从简单的乳齿进化而来，成熟期多次被更复杂的形式所替换。然而，哺乳动物颌和其他部分的颅骨与爬行动物有很大相似性。一个被称为三锥齿兽的神秘生物类群生活于距今1.5亿～0.8亿年，是最原始和古老的哺乳动物。三锥齿兽可能是单孔类动物的祖先，单孔类的代表性动物有澳大利亚的鸭嘴兽和针鼹鼠，这些动物卵生繁殖，用爬行动物的姿势行走。

原始哺乳动物被迫演变成夜间活动的生活方式，这样就要求有高度敏感的知觉和处理信息的大容量脑部。古代哺乳动物脑容量相对于爬行动物增大4倍。在其后的至少1亿年间，哺乳动物大脑容量没有实质性的增长，这意味着哺乳动物对中生代漫长、稳定生境的适应。

距今6，500万年前恐龙灭绝以后，哺乳动物生活在富有挑战性的环境中，彼此竞争，随着通过大脑组织感觉信号占据优势，哺乳动物开始接受日间环境。在距今约5，000万年前，对应于新环境下哺乳动物的适应辐射，大脑容量出现又一次4倍的增长。在这段时期内，啮齿类动物这个哺乳动物最

大的类群，出现在了化石记录中。在新生代接下来的时间，哺乳动物大脑容量相对于它们身体的比率逐步增长。智力活动是哺乳动物繁生的关键所在，意味着在一定程度上行动自如。拥有了高级大脑，哺乳动物能够成功地同更为强壮的动物展开竞争。

当白垩纪晚期恐龙退出历史舞台之后，哺乳动物正在后方等待着，并轻而易举地占领地球。由于恐龙是最大的动物群体，它们的绝迹给哺乳动物留下广阔的入侵空间。在恐龙灭绝之后，哺乳动物开始辐射出大批新物种。在1,000万年之内，哺乳动物所有现生的18个目均创建起来，而且有蹄类哺乳动物所有科高度繁生。小型昼伏夜出的哺乳动物进化成更大型的动物，它们中有些已经是进化的终端。生存于新生代早期的大约30个目的哺乳动物中，白垩纪曾出现过的哺乳动物目的数量只有一半，将近2/3的目生存至今。

哺乳动物的进化紧接着恐龙的灭绝，但并不是渐进式的，而是间歇式

图173

南达科他矿业学校拉皮德城分校地质博物馆中陈列的哺乳动物骨骼化石

的。第三纪早期进化缓慢，仿佛世界还没有从大灭绝灾难中恢复过来。古新世末尾，距今约5，400万年前，气温升高，哺乳动物开始快速多样化。距今约3，700万年前，一次急剧的灭绝事件毁灭了许多大型的长相怪异的原始哺乳动物（图174）。此后，大多数真正的现代哺乳动物开始形成。

这次灭绝事件与深海环流变化同时发生，消灭了很多生活在淹没欧洲大陆的浅海中的海生物种。格陵兰与欧洲相分离，会使寒冷的北极海水进入北大西洋，大大地降低了北大西洋的水温，导致大多数类型的有孔虫（海洋原生动物）灭绝。气候逐渐变冷，海洋退出了陆地（图175），海平面降低了1，000英尺（约300米），可能是最近几亿年里海平面最低的时期。

海平面下降源自漂移至南极地区的南极大陆发育出了大规模冰盖。由于南极大陆冰盖的扩张，海平面大幅下降，导致了距今1，100万年前的另一次灭绝事件。这些冷期事件清除了脆弱物种。现今生存的物种相对更为健壮，忍受了最近300万年的剧烈环境振荡，此时冰川覆盖着北半球大部分地区。

距今5，500万年前，哺乳动物属的数量增加至130个之多。其后，为了响应气候变化和迁移，哺乳动物属的数量开始反复，减少至60个，又回升至约120个属。上述波动持续了数百万年，然而哺乳动物多样性始终维持在90个属的平衡线附近。大量新物种的形成使竞争变得残酷，导致生物灭绝率升高，从而使哺乳属的总量趋于稳定。

哺乳动物是恒温动物，这是它们的巨大优势。不再依赖外界温度，稳定

图174
生活于始新世的一种已灭绝的五角剑齿食草哺乳动物

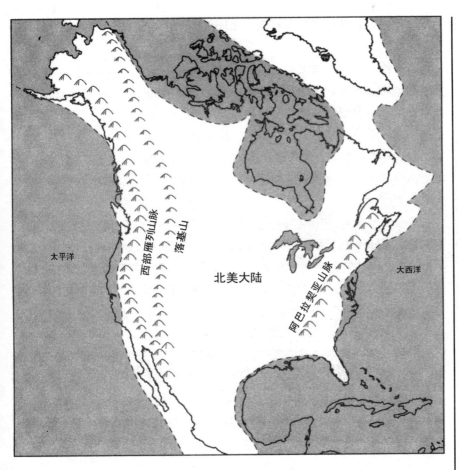

图175
北美大陆上第三纪古地理，内陆海退出大陆

的体温使哺乳动物具有较高的基础代谢率。为此，心脏、肺和腿部肌肉的输出功率大幅增加，使哺乳动物远胜过爬行动物。哺乳动物还发育有一个隔热层，由外层脂肪和皮毛组成，可以阻止寒冷天气里身体热量的散失。

哺乳动物其他可辨识的特征包括四腔心脏、由单一齿骨构成的下颌和牙齿异型，以及随脑容量增大为改进听力而从颚骨向后迁移的三块小耳骨。哺乳动物是胎生繁殖。母兽拥有能够分泌乳汁抚育幼兽的乳腺。哺乳动物脑部较大而且发达，能够储存和保留印象。因此，哺乳动物依靠它们的智力生存，这正是它们高度繁衍的原因。哺乳动物最终征服了陆地、海洋、天空，并定居在世界各地。

大陆漂移作用使许多哺乳动物类群处于隔离状态，从而具有自己独特的演化方式。例如，马达加斯加岛在距今1.2亿年前从非洲大陆分离出去。这样，除河马外，该岛再也没有与生活于邻近大陆上的大型哺乳动物类似的动物。在马达加斯加岛漂移离开非洲大陆一定的距离之后，河马神秘地登陆该岛。

距今约4，000万年以来，澳大利亚成为一个孤立的岛状大陆，并不与其他陆地相连通。这里成为被称为单孔类动物的卵生哺乳动物的家园。单孔类动物包括针鼹和鸭嘴兽，应被归类于现生的类哺乳动物的爬行动物，是处于爬行动物与哺乳动物中间的一种动物。有袋类动物是原始的哺乳动物类群，在腹部的育儿袋中哺育婴儿。有袋类动物距今约1亿年前起源于北美，然后迁徙到南美，横跨南极大陆到达澳大利亚，此时澳大利亚与南极大陆仍相连接。

现今，世界上16个科的有袋类动物中的13个科只分布于澳大利亚。澳大利亚有袋类动物包括袋鼠、袋熊和袋狸等，而袋貂和其他相似动物分布于世界上的其他地区。已发现的最大的有袋类动物化石是双门齿兽（图176），体型大小如犀牛。许多大型有袋类动物，包括巨型袋鼠，在距今约6万年前早期人类侵入陆地后，迅速绝迹。

骆驼起源于距今约2，500万年前，通过陆桥由北美迁移至世界其他地区。马科动物在始新世时起源于北美大陆西部，当时体型如同小型犬科动物。随着马科动物体型日益增大，逐渐适应了新出现的大草原，由可以食草转向专门食草转化，脸和牙齿变长，并且脚部的骨骼开始融合，马开始成为矫健的奔跑动物。长颈鹿由食草变为食嫩芽、嫩枝、树叶等，为适应于食用高处的枝条，脖子演变增长。许多类型的有蹄类动物，随着全世界范围内草

图176

双门齿兽是世界上最大的有袋类动物

228

地的渐增而进化着。

　　主要的现代植物类群在早第三纪便已出现（图177）。被子植物统治着植物世界。距今约2,500万年前，被子植物所有现生的科类均已形成。禾本科植物是最重要的被子植物，在整个新生代为有蹄类动物提供食物。许多大型哺乳动物的吃草习性，是随着大范围草地的出现进化而来的。

　　最早的灵长目动物生活在距今6,000万年前，体型大小如同老鼠。之后，灵长目谱系分成两支。原猴亚目是其中的一支，包括人科动物的类人猿亚目是另外一支，人科动物是人类的祖先。距今约3,700万年前，新大陆猴令人费解地由非洲迁徙到南美，然而此时两大陆已经分离开来。距今约3,000万年前，猿类的祖先正生活于埃及浓密的热带雨林之中，而这些地区现今大部分是沙漠。这些猿类祖先在距今约2,500万～1,000万年之间迁出非洲而进入欧洲和亚洲。

距今1，200万～9，00万年前期间，名为森林古猿的猿猴生活在欧洲森林，生活在树上以果实为食。由这种古猿进化成的腊玛古猿是一种早期的亚洲人科动物，比前期的生物更为高级。距今900万～400万年前期间，化石记录由腊玛古猿跳跃发展为真正的类人动物。该时期，非洲大部分地区进入寒冷干燥的气候期，导致森林退缩，并给人类祖先的继续进化带来了众多挑战。

海洋哺乳动物

新生代中期进化形成了近70种被称为鲸目动物的海洋哺乳动物，包括海豚、鼠海豚和鲸等，鲸类对海中生活高度适应。可能是由于海洋环境的稳定性，海豚科动物在2，000万年前就达到了现在海豚的智力水平。海洋水獭、海豹、海象及海牛并不能完全适应长期的海洋生活，并保留了它们很多的陆生特征。海牛生活在佛罗里达附近海域已有4，500万年，即将成为濒危的物种。

鳍足类动物是发育出鳍状四肢的水栖哺乳动物，现存3科分别为海豹、海狮和海象。海豹科动物无外耳廓，是由类似鼬鼠的动物或类似水獭的动物进化而来。然而海狮和海象被认为是由类似熊的动物进化而来。这种二条分离的进化路线，叫做两源演化，是原本不相像的动物，因适应相同生活环境进化为彼此之间很相似。然而它们均发育有相似的鳍状四肢，似乎又表明所有的鳍足类祖先是由数百万年前进入海洋中生活的单一陆地哺乳动物进化而来。

鲸类动物进化过程具有极大的神秘性。现代鲸类的祖先是距今5，700万年前的一种在陆地行走、在河流和湖泊中游行的四足食肉哺乳动物，鲸类前肢呈鳍状，后肢完全退化，这种海中巨兽从有蹄类哺乳动物进化而来，有蹄类动物最显著的特征是长有蹄状的脚。鲸类适应了海洋中游泳、潜水以及捕食，甚至胜过鱼类和鲨鱼。鲸类早期进化中可能经历了一个类似海豹的两栖阶段。

现今，鲸类最近缘的动物是偶蹄动物即前后脚的趾数都是偶数的有蹄哺乳动物，如母牛、猪、鹿、骆驼、长颈鹿和河马等。然而，鲸在有蹄动物的家族谱系树上应该放在什么位置上仍然存有争议。基因证据表明，鲸类和河马关系非常密切。两个类群同样对水生生活具有高度适应性，比如在水下哺育幼兽和通信。鲸类和河马的共同祖先可能在距今5，500万年前冒险进入了海洋中。

最早的鲸类可能拥有四肢，在陆地上移动显得很笨拙。然而，它们的大脚和灵活的脊柱允许它们依靠身体后部起伏波动，在水中推动自己前进。现今，鲸类仅有退化的腿骨，没有踝骨。最早的鲸类可能在进入海洋中之前生活在淡水中，并不会生活在距离海岸很远的地方，因为它们需要返回河中饮水。巨大的蓝鲸（图178）是地球上最大的动物，体型比已灭绝的最大的恐龙还要大，其祖先在距今约4，000万年前由古有齿鲸进化而来。

第三纪火山

第三纪火山活动剧烈。大量泛滥的玄武岩由热点火山机制产生，作为岩浆热柱从深达地幔内部的地方上升到表面。印度境内的德干岩群（Deccan

图178
蓝鲸是地球上最大的动物

Traps）（图179）是由过去2.5亿年期间规模最大的玄武岩喷发所形成。距今约6,500万年前，一个巨大的裂谷出现在印度的西侧，大规模熔融岩浆喷出地表。约100条独立熔岩流溢出的超过35万立方英里（约145万立方千米）的熔岩覆盖了印度中西部的大部分地区，在数百万年的时间内累积厚度达8,000英尺（约2,500米）。如果将这些熔岩平均地分布在地球上，火山岩层会覆盖整个地球约10英尺（约3米）厚。

火山喷发期间，印度位于马达加斯加岛东北方向300英里（约450千米）处，并一直朝向南亚漂移。塞席尔群岛（Seychelles Bank）是一块巨大的海洋火山高原，从印度次大陆中分离而形成，现今露出洋面成为海洋岛屿。东印度洋海岭（Ninety East Ridge）是位于印度孟加拉湾南长约3,000英里（约5,000千米）的海底火山山脉，其在印度板块向亚洲漂移经过热点时形成。富含二氧化碳的大规模熔岩喷发，产生了古新世异常温暖的气候，促进了哺乳动物的进化。

与德干岩群喷发同时发生的大陆分裂开始将格陵兰从挪威和北美大陆分

图179
印度境内的德干岩群

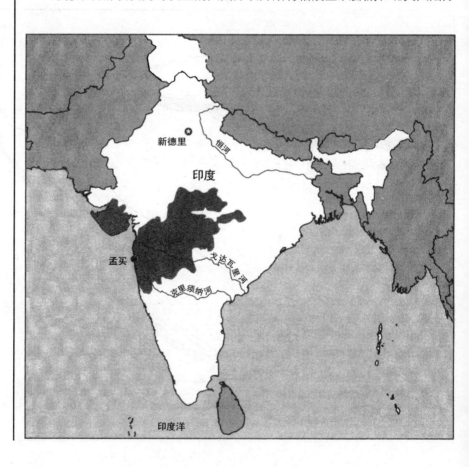

离出去。大陆分裂引发东格陵兰、西北大不列颠、北爱尔兰及不列颠与冰岛之间的法罗群岛玄武岩喷发。冰岛是大西洋中脊的表现，大规模的玄武岩喷发形成了巨大的火山高原，在距今约1,600万年前上升至海平面之上。

大规模火山爆发的证据可以在由南大西洋到南极大陆之间的广阔区域中找到。克格伦海台（Kergulen Plateau）位于南极大陆的北面，是世界上最大的水下火山高原。距今9,000多万年前，它起源于洋底，一系列的火山爆发将大量玄武岩喷发至南极大陆，该时期伴随有一场生物灭绝事件。

在红海和亚丁湾形成之前，距今约3,500万年前，大规模的玄武岩熔岩流覆盖着埃塞俄比亚约30万平方英里（约80万平方千米）的面积。东非裂谷由莫桑比克海岸一直延伸至红海，分裂形成了埃塞俄比亚阿法尔地区（Afar Triangle）。在距今3,000万~2,500万年期间，阿法尔地区火山活动活跃，地壳下部熔融岩浆物质的扩展使该地区抬升了数千英尺。

在北美大陆，大规模的玄武岩火山活动主要发生于哥伦比亚河高原、科罗拉多高原和马德雷山脉地区。火山带由科罗拉多向内华达延伸，在距今3,000万~2,600万年前期间，发生了一系列强烈火山喷发。这一系列火山喷发开始于距今约1,700万年前，持续了约200万年时间，大量的外溢玄武岩覆盖了华盛顿、俄勒冈和爱荷达，形成了哥伦比亚河高原（图180）。大规模的熔岩流覆盖了约2万平方英里（约5万平方千米）的区域，部分地区达到1万英尺（约3,000米）厚。周期性的火山喷发溢流出大量玄武岩岩浆，约1,200立方英里（约5,000立方千米）的岩浆在数日之内形成450英里（约700千米）宽的熔岩湖。

火山喷发事件可能与黄石热点有关，当时黄石热点正好位于哥伦比亚河高原区之下。该热点相对北美板块向东移动，这可由横贯爱达荷州的蛇河（Snake River）平原的火山岩来追溯。在最近200万年内，该热点活动引发了怀俄明州的黄石国家公园附近三次主要的火山活动事件，它们均可列入重大自然灾难事件。

新生代造山运动

新生代因其剧烈的造山运动而闻名。在过去的500万年间，山地加速抬升，触发了更新世冰期。落基山脉（图181）从墨西哥一直延伸到加拿大，在距今8,000万~4,000万年期间的拉腊米（Laramide）造山运动中抬升。中新世，距今2,500万年前，北美大陆西部的大部分开始隆升。落基山脉地

图180
华盛顿州富兰克林县和惠特曼县哥伦比亚河玄武岩上的帕卢斯瀑布群（照片由F. O. Jones 拍摄，美国国家地质勘探局提供）

区整体升高至高于海平面约1英里（约1.6千米）。巨型的花岗岩体高耸于周围地形之间。西侧的盆岭区（Basin and Range）地壳拉伸变薄，部分地区下沉至海平面之下。

　　亚利桑那州大峡谷（图182、图183）位于科罗拉多高原的西南端。科罗拉多高原是一个高耸的宽阔平台，从亚利桑那州往北入犹他州，往东入科罗拉多州和新墨西哥州。最初，大峡谷周围的地区是平坦的。在过去20亿年里，热力和压力作用使陆地弯曲形成山脉，而后山脉又被侵蚀夷平。山脉一次次地形成又被侵蚀，并且该地区为浅海海水所淹没。陆地在落基山脉隆升时被再次抬高。在2,000万～1,000万年前期间，科罗拉多河开始下切侵蚀沉积层，使下伏基岩暴露。基岩暴露年代小于600万年。大峡谷东部的大部分地区地质年龄很轻，仅在过去300万年内被侵蚀而成。

距今约3,000万年前，北美大陆到达东太平洋中脊扩散中心，这个位置对应于大西洋中脊。北美大陆率先跨过海底扩张轴线的部分是南加州海滨和西北墨西哥。当裂谷系统和俯冲带汇聚的时候，中间的海洋板块潜入一个深海沟中。这条海沟中的沉积物受压，并被上推，形成加州海滨山脉。一个同长650英里（约1,000千米）的圣安德烈斯大断层（图184）相关联的断层系统与山岳带相交。在过去的1,000万年间，内华达山脉隆升了约7,000英尺（约2,100米），可能因受到大量上地幔热岩作用而隆起。

在美国和加拿大不列颠哥伦比亚省西北面的太平洋中，川德佛卡（Juan de Fuca）板块潜入到北美大陆下面的卡斯卡迪亚（Cascadia）俯冲带。当厚

图181
科罗拉多州西西班牙峰（West），花岗岩墙切开水平的沉积岩层

图182
从默哈维点遥望大峡谷

达50英里（约80千米）后的地壳板块俯冲进入地幔后，地球内热熔融部分下降板块和毗连的岩石圈板块形成了岩浆储源。岩浆上升至地表，形成了喀斯喀特山脉（Cascade Range）（图185）的火山群，这些火山群逐个进行大规模喷发。

在早白垩纪，印度板块和组成喜马拉雅山脉的岩石由冈瓦纳大陆分离出来，快速穿过古印度洋，在距今约4，500万年前撞入南亚。在印度和亚洲板块碰撞时，它们下面的海洋岩石圈被插入西藏之下，破坏了长约6，000英里（约9，600千米）的俯冲板块。浮力增加使喜马拉雅山脉和广阔的青藏高原隆升（图186）。青藏高原是在过去的10亿年间地球上曾出现过的面积最大的高原。

在距今1，000万～500万年期间，整个区域抬高了超过1英里（约1.6千米）。大陆碰撞加热了大量的碳酸岩，释放数百万亿吨的二氧化碳到大气层中。这可能解释地球缘何在距今5，400万～3，700万年前之间的始新世变得温暖，此时温度达到了距今6，500万年以来的最高点。根据化石记录，冬季足够温暖，以至于鳄鱼可以漫游到诸如怀俄明州这样的北方地区，棕榈、苏

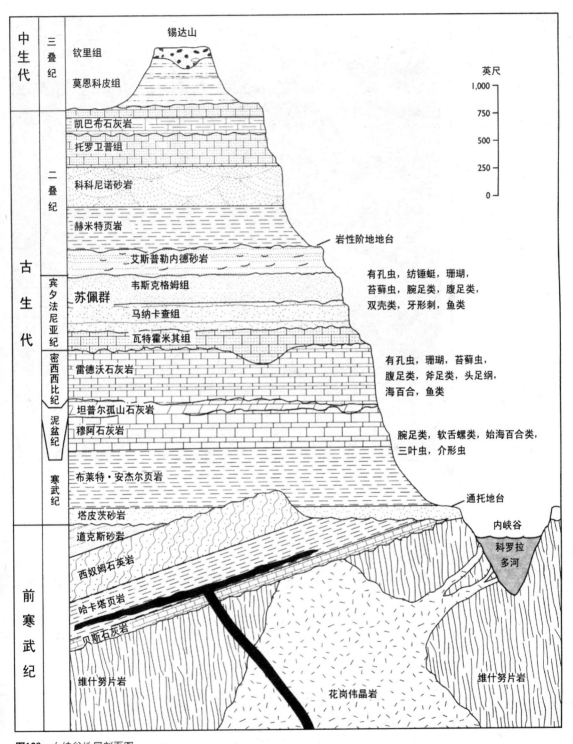

中生代	三叠纪	钦里组
		莫恩科皮组

锡达山

英尺
1,000
750
500
250
0

古生代	二叠纪	凯巴布石灰岩
		托罗卫普组
		科科尼诺砂岩
		赫米特页岩
		艾斯普勒内德砂岩

岩性阶地地台

有孔虫，纺锤蜓，珊瑚，
苔藓虫，腕足类，腹足类，
双壳类，牙形刺，鱼类

宾夕法尼亚纪	苏佩群	韦斯克格姆组
		马纳卡查组
		瓦特霍米其组

密西西比纪	雷德沃石灰岩

有孔虫，珊瑚，苔藓虫，
腹足类，斧足类，头足纲，
海百合，鱼类

泥盆纪	坦普尔孤山石灰岩
	穆阿石灰岩

腕足类，软舌螺类，始海百合类，
三叶虫，介形虫

寒武纪	布莱特·安杰尔页岩
	塔皮茨砂岩

通托地台

内峡谷
科罗拉
多河

前寒武纪	道克斯砂岩
	西奴姆石英岩
	哈卡塔页岩
	贝斯石灰岩
	维什努片岩

花岗伟晶岩

维什努片岩

图183 大峡谷地层剖面图

237

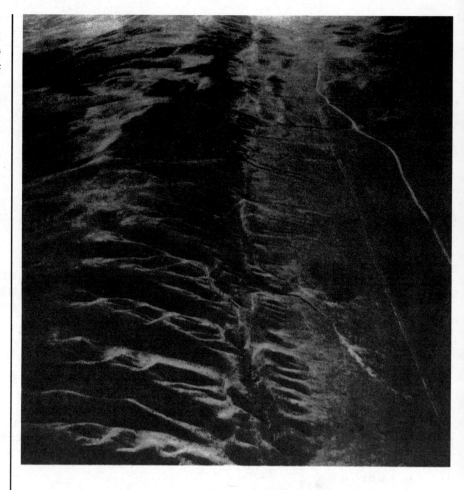

铁和蕨类植物覆盖着蒙大拿州。

距今约5，000万年前，随着亚欧大陆和非洲相互连接，将这两块大陆分开的特提斯海逐渐缩小，并在约2，000万年前开始闭合。堆积了好几千万年的厚层沉积物褶皱变形，在北侧和南侧形成山脉（图187）。亚欧大陆和非洲大陆相连接引发了一个主要的造山运动时期，阿尔卑斯山和欧洲的其他山脉抬升之后，压缩了特提斯海。

该造山运动被称为阿尔卑斯造山运动，抬升了西班牙和法国边界的比利牛斯山、西北非洲的阿特拉斯（Atlas）山脉及中－东欧的喀尔巴阡山脉。意大利北部的阿尔卑斯山形成方式与喜马拉雅山相同，此时非洲板块的意大利分支插入到了欧洲板块中。

在南美，组成安第斯山脉的山脊沿着大陆的西部边缘延伸，隆升运动贯穿了新生代的大部分时期。隆起是由于纳兹卡板块俯冲到南美板块之下引起的地壳浮力增强而产生的。当所有大陆漂移到现今的位置，并且所有的山脉隆升到现有的高度的时候，地球进入即将到来的冰期的时机已经成熟。

第三纪构造

大陆向现在位置的运动导致了气候模式发生变化。剧烈的构造活动塑造着地形地貌，并且抬升了世界上大多数的山脉。距今约5,700万年前，格陵兰开始从北美大陆和欧洲大陆分离。距今800万年以前，格陵兰尚未发育冰盖。然而，现今这个世界上最大的岛屿被掩埋在厚达2英里（约3.2千米）的冰盖下。阿拉斯加与东西伯利亚相连将来自热带的暖流与北冰洋洋盆隔离，

图185
华盛顿州雅基马县亚当斯火山山的南面，背景是瑞尼火山（照片由A. Post摄影，美国地质勘探局提供）

239

图186
印度次大陆和亚洲碰撞，使喜马拉雅山脉和青藏高原隆升

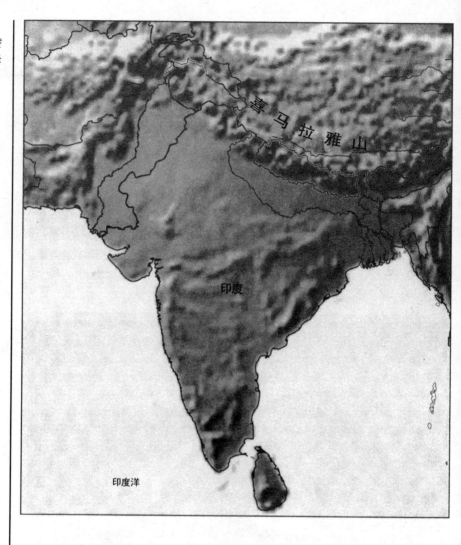

导致北冰洋发育出浮冰。

　　除偶尔出现的一些陆桥，植物和动物不能从一个大陆迁徙到另一个大陆。一条狭窄弯曲的陆桥临时连接了南美和南极大陆，帮助有袋目动物迁徙到澳大利亚。包含一条大型鳄鱼、一只不能飞行的6英尺（约2米）巨鸟和一头30英尺（约9米）的鲸类化石的沉积物表明陆桥最晚存在于距今4，000万年前。而后南极大陆和澳大利亚从南美洲分离开来，并且向东移动。在距今4，000万年前的始新时，南极大陆和澳大利亚相分离，南极大陆向南移动，而澳大利亚沿东北方向继续移动。当南极大陆漂移经过南极点时，发育出覆盖几乎所有南极大陆陆地形态的永久性冰盖（图188）。

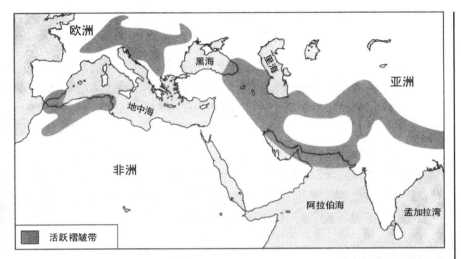

图187
岩石圈板块碰撞形成
的亚欧大陆活跃褶皱
带

图188
南极半岛的冰原，山
地完全为冰体所覆盖
（照片由P.D.Rowley
拍摄，美国地质勘探
局提供）

241

在大西洋盆地产生了新的海洋地壳的大西洋中脊，在距今1，600万年前开始占据其现今位置，即美洲大陆和亚欧非大陆之间的中线。冰岛是大西洋中脊广阔的火山高原，抬升后高出海平面。距今约300万年前，分开北美大陆和南美大陆的巴拿马地峡随海洋板块的碰撞而抬升。早于大陆碰撞，南美在之前的8，000万年间是一个陆岛。在这期间哺乳动物的进化不受外界竞争者的干扰。

陆桥的障碍作用隔离了大西洋和太平洋的物种。灭绝事件使西大西洋曾经丰富的动物群枯竭。新地形阻断冷洋流由北大西洋流入太平洋，伴随着北冰洋同太平洋暖流相隔离，触发了更新世冰期。两极从来都没有同时发育永久性冰盖，表明白垩纪以来地球在稳定地变冷。

特提斯海闭合

特提斯海是广阔、深度浅的热带水体，连接着印度洋和大西洋，在中生代和早新生代将南北方大陆分开。距今约1，700万年前，特提斯海随着非洲撞入亚欧大陆开始闭合，产生了地中海、黑海、里海和咸海（图189）。碰撞同时引发新一轮的造山运动，抬升了阿尔卑斯山和其他山脉。欧洲和亚洲的气候变得更为温暖，森林更广泛分布，且比现今更为茂密。

地中海海盆在距今600万年前从大西洋分离出来。由于非洲板块向北运动而在直布罗陀产生地峡，形成了横贯海峡的大坝。在大约1，000年间，

图189
大约2，000万年前，非洲与欧亚碰撞造成特提斯海闭合，产生了地中海、黑海、里海，以及咸海

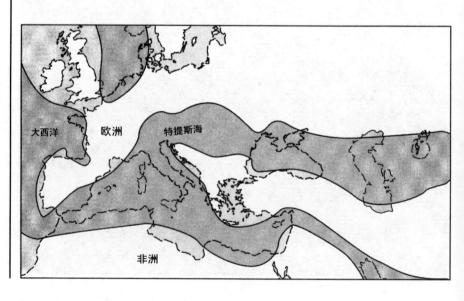

将近100万立方英里（约400万立方千米）的海水被蒸发，使整个海盆几乎变空。邻近的黑海有750英里（约1，200千米）长、7，000英尺（约2，100米）深，经历了同地中海相似的命运，是一个分离非洲和欧洲的古热带海洋的残余部分。

非洲板块与亚欧板块碰撞，挤压产生了特提斯海（Tethys），并形成一个长山脉链和两个主要的内陆海，即古地中海和巴拉特提斯海（Paratethys，黑海、里海、咸海的组合）。它覆盖了东欧的大部分区域。距今约1，500万年前，地中海从巴拉特提斯海中分离，成为一个稍咸的海，与现今的黑海非常相似。

内陆水道的瓦解与地中海的突然干涸关系非常紧密。黑海的海水流入了干涸的地中海海盆。在一个短暂的地质时期内，黑海成为一个几乎干枯的盆地。然后在末次冰期时，黑海重新注满水，成为一个淡水湖。

在叙述完第三纪哺乳动物进化之后，下一章将要讲述第四纪冰期的变化。

14

第四纪冰期

现代生命时代

本章将介绍第四纪的冰期和当前所处的间冰期。第四纪从距今300万年前到现在，经历了系列周期性反复的冰期。第四纪被分成更新世冰川期和全新世间冰期，全新世是现代文明发展的时期。第三纪和第四纪是延续老地质时期的地质历史新阶段。按照独特的冰期序列划分，第三纪和第四纪的长度明显不等。许多地质学家选择将新生代划分为两个几乎长度几乎相等的时期：古近纪从距今6,500万年前到2,600万年前，新近纪从距今2,600万年前到现在。

在更新世，大陆朝向它们现今的位置移动，陆地抬升至更高的的海拔，气候变冷的地理条件已经成熟。地球轨道运动的变化引发了大陆冰川的发育，可部分解释10万年的冰期循环周期。冰川适当地通过控制气候来实现自我补给。而后，在几千年内巨大冰盖神秘地瓦解，并且快速退缩至极区。作为冰期的产物，许多北方陆地因大冰盖而具有独特的地形。

更新世基于现代生物化石记录最初被定义为现代生命时期，绝大多数动、植物属种与现代相似。更新世是冰川作用活跃的时期，又称为"冰川世"，开始于距今约300万年前。冰期盛行时，2英里（约3千米）或更厚的冰盖覆盖着北美、亚欧大陆、南极洲和南半球的部分地区。在许多地区，冰川剥蚀去全部的沉积层，使基岩裸露，抹去了该地区的整个地质历史记录。

人类时代

距今约300万年前，北太平洋剧烈的火山喷发使天空变得昏暗，全球气温急剧下降，最终引发一系列的冰期。气候变化促使非洲森林的环境向广阔的热带稀树草原转化。这些生境变化产生了许多新物种，并且推动了早期人类的进化，要求早期人类必须快速地适应新环境。实际上，人类是冰期的产物，冰期跨越了人类的整个进化历程。

人类的直接祖先—原始人类，进化于非洲，和类人猿具有共同的祖先。类人猿包括大猩猩和黑猩猩，这些物种99%的基因和人类相同。距今约700万年前，非洲大部分地区进入干冷气候期，森林退缩，并被草地取代。人类原始祖先在草原上的生活，比类人猿在森林中的生活更加苛刻和具有挑战性。为了在艰苦的条件下生存下来，早期原始人类快速地进化成智能的直立行走的物种，然而类人猿到今天还是和几百万年前一样。

距今约400万年前，非洲最先出现被称为"南方古猿"（Australopithecus）（图190）的早期原始人科动物。它用两条腿行走，但保留了许多类人猿特征，比如手臂长于腿部，并且手和足部骨骼弯曲。南方古猿肌肉发达，比现代人类强壮。雄性站立高度稍低于5英尺（约1.5米），重约100磅（约45千克）。雌性站立高度大约4英尺（约1.2米），重约70磅（约30千克）。两种类型的南方古猿同时生活在非洲，并且在超过100万年的时间里几乎没有变化。在经历一个相当稳定的漫长时期后，除了一支之外，其他南方古猿全部灭绝，可能是因为气候或者栖息地的变化。

距今约250万年前，一次气候突变促使了早期人类的进化。非洲气候变得干燥，造成草地扩展，森林这种人类祖先觅食、栖身、躲避捕食者的庇护

图190

人类祖先可能起源于南方古猿（照片由加拿大国家博物馆提供）

所减少了。随着在开阔大草原上生活的压力逐渐增加，早期人类可能发育出了更大脑容量的脑部，并且掌握了制造工具和协作狩猎的技巧。

距今约200多万年前，出现了能人（Homo habilis），其脑容量约为现今人平均脑容量的50%。它是介于原始类人猿和人属动物的过渡阶段，四肢骨明显不同于早期原始人类，而与后来的人属动物四肢骨更为接近。能人是最早制造和使用工具的人类祖先，具有发育完全的语言中枢，表明已具有原始的语言能力。

距今约180万年前，能人消失于非洲，被直立人（Homo erectus）取代，后者是最早离开非洲的人类祖先。直立人被视为人类，似乎在非洲直接由能人进化而来。直立人他们也可能在亚洲独立完成进化，然后迁徙至非洲。距今约100万年前，直立人统治着南亚和东亚，并在这里居住直至距今约10万年前。由于直立人已经具备许多现代人的特征，表明其经历过一次快速的进化发展。脑容量明显增大，约为现代人脑容量的2/3。

直立人零散分布在世界各地，意味着解剖学上的现代人类在多个地方由直立人进化而来，从而解释了人类现在的种族差异。北京猿人是距今约40万年前生活于中国的一类直立人，定居在山洞中，并可能最早使用火。另一个种类叫做爪哇人，在距今70万年前到达爪哇。距今约6万年前，爪哇人的后代迁徙到澳大利亚和其他的太平洋岛屿。

最早的智人（Homo sapiens）叫做克鲁马努人（Cro-Magnon），因居住在法国克鲁马努洞穴而得名，首次发现于1868年。克鲁马努人可能在距今20万年前起源于非洲。证据同样表明距今100万年前克鲁马努人在世界多个地方同时出现，可能直接由直立人进化而来。克鲁马努人在体态上与现代人几乎没有任何区别，大脑比例适中，颅骨短、高且圆，下颚最终发展为下巴。其他骨骼与早期人类相比更加纤细，四肢更长。

末次冰期期间，克鲁马努人在气候相对温暖的间冰阶进入到欧洲和亚洲。它们可能像现代北极苔原地带上生活的土著人一样生活，靠在河中捕鱼、捕猎驯鹿和其他动物谋生。同北极地区现代人群相同，居住在高纬度地区的人类祖先体型比赤道地区的要大。由于冰冻苔原带缺乏木材，冰期俄罗斯中部平原捕猎者用猛犸象骨骼和长牙建造房子，用兽皮遮盖（图191），通过燃烧骨头和动物脂肪来取暖和照明。

尼安德塔洞穴人（Neandertals）是早期智人，因德国杜塞尔多夫（Dusseldortf）附近的尼安德（Neander）峡谷得名，该处化石遗迹最早发现于1856年。尼安德塔人是穴居者。然而，他们仍然占用露天场所，这可由

图191
北极土著人用猛犸象骨骼和长牙建造房子，并用兽皮遮盖。

同尼安德塔人活动相关的壁炉地面、用猛犸象骨头制成的戒指和石制工具来证明。末次间冰期又被称为埃姆（Eemian）间冰期，距今13.5万～11.5万年，这个时期尼安德塔人分布在西欧和中亚的大部分地区，向北扩展至北冰洋地区。

现代人类和尼安德塔人共存于亚欧大陆至少6万年，并且两者具有许多相同的文化行为。距今约7.5万～3.5万年前，居住于欧洲的尼安德塔人体型通常比现代人大1/3，但脑部尺寸大小相接近。尼安德塔人在这些地区繁生直至距今约3.5万年前，在一个长约5,000年的时期内衰落。尼安德塔人可能因被现代人类取代或同化而绝迹。

更新世冰期

从距今2亿多年前的二叠纪末期直到距今4,000万年前，地球上从未出现大型冰盖覆盖层。这表明更新世时两极均发育出新冰盖，这是地球历史上独一无二的事件。深海沉积物和冰芯研究恢复了冰期的历史记录。冰期开始于距今约300万年前，此时冰川逐渐前进，在北方大陆不断扩展。

此时，海洋表层海水温度剧烈下降。硅藻（图192）是一种具有硅质壳的藻类，在南极地区迅速地衰落。这种现象的发生大概因为南极海冰到达其最北的范围，冰层会将硅藻遮蔽在下面，由于缺乏阳光进行光合作用，硅藻终于消失。硅藻的消失标志着北半球更新世冰期的开始。

图192
马里兰州卡尔弗特县夏普谈克组的中新世硅藻（照片由G. W. Andrews摄影，美国地质勘探局提供）

末次冰期开始于距今约11.5万年前。距今约7.5万年前由于印度尼西亚多巴火山的（Mount Toba）大规模喷发，冰川活动增强。距今约1.8万年前，末次冰期达到了最盛期。在末次冰期最盛期，厚达2英里（约3千米）甚至更厚的冰盖覆盖着加拿大、格陵兰和北欧（图193）。

北美大陆最大的冰盖是劳伦德冰盖（Laurentide），覆盖着面积为500万平方英里（约1，200万平方千米）的区域。它由哈德逊湾开始延伸，向北直至北冰洋，往南直到东加拿大、美国东北部新英格兰地区及美国中西部地区的北部。一块名为科迪勒拉冰盖（Cordilleran）的较小冰盖，起源于加拿大落基山脉，覆盖着加拿大西部、阿拉斯加的南部和北部部分地区，在阿拉斯加中部留下了一条无冰川覆盖的走廊，人类可经此由亚洲迁徙到北美。同时冰川还侵入美国西北部的小部分地区。

欧洲最大的冰盖被称为芬诺斯堪迪亚冰盖（Fennoscandian），由北斯堪的纳维亚向外呈扇形展开。它覆盖了大不列颠的大部分地区，向南直到伦敦，以及德国、波兰、俄罗斯欧洲部分北部的大部分地区。一块名为阿尔卑斯冰盖（Alpine）的较小的冰盖，中心位于瑞士阿尔卑斯山，覆盖着奥地利、意大利、法国和德国南部的部分地区。在亚洲，冰盖由喜马拉雅山脉垂下，并覆盖着西伯利亚的部分地区。

在南半球，仅有南极大陆发育出了大型冰盖，比其现今的面积大出约10%，并扩展至南美大陆的南端。小型冰盖覆盖着澳大利亚、新西兰以及南美安第斯山。在其他地区，山岳冰川覆盖了山脉的顶端，这些地方现今已经

图193
末次冰期最盛时期冰川活动范围

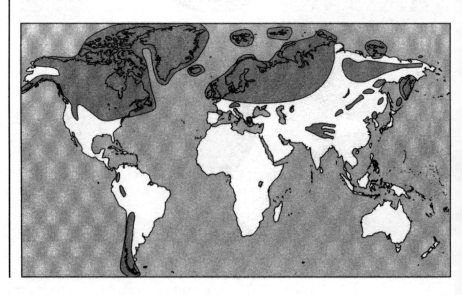

不存在冰川。多余的冰体无处可去，只能进入海洋，崩解变成冰山。末次冰期最盛期，冰山占据着海洋面积的一半。冰体漂浮在海洋中，将太阳光反射至空中，由此维持着寒冷的气候，全球平均气温比现今要低约5℃。

大约1,000万立方英里（约4,000万立方千米）的水体被固结在大陆冰盖。冰盖覆盖着约1/3的陆地表面，体积比现今要大3倍。积累聚集的固态冰使海面下降了约400英尺（约120米），将海岸线往海洋推移几十英里的距离。海平面下降导致陆桥出现，连接起各大陆，推动包括人类在内的生物迁徙到世界各地。冰盖的巨大重量致使大陆地壳沉陷进入上地幔。冰川重量减轻之后，直至今日，北方陆地每年仍要回升半英寸（约1厘米）之多。

低温减少了海水蒸发，使平均降水量降低，这样导致了世界上大部分地区沙漠扩张（表11）。猛烈的沙漠风引发了大规模的沙尘暴，浓密的粉尘悬浮在大气中，阻挡着太阳光，使温度进一步降低。大部分的风成沙尘沉积物，又被称为黄土（图194），在更新世冰期掩埋了美国中部地区。

表11 世界主要沙漠

沙漠	位置	类型	面积 （1,000平方英里）
撒哈拉	北非	热带型	3,500
澳大利亚	澳大利亚中西部	热带型	1,300
阿拉伯	阿拉伯半岛	热带型	1,000
土耳其斯坦	中亚	大陆型	750
北美	美国西南部、北墨西哥	大陆型	500
巴塔哥尼亚	阿根廷	大陆型	260
塔尔	印度、巴基斯坦	热带型	230
喀拉哈里	非洲西南部	滨海型	220
戈壁	蒙古、中国	大陆型	200
塔克拉玛干	中国新疆	大陆型	200
伊朗	伊朗、阿富汗	热带型	150
阿塔卡马	秘鲁、智利	滨海型	140

图194
密西西比州沃伦县岩壁上裸露的黄土（照片由E. W. Shaw摄影，美国地质勘探局提供）

寒冷天气和逼近的冰盖迫使物种迁徙到相对温暖的地区。冰盖每年要扩展数百英尺，在冰盖的前方茂盛的落叶森林被常绿森林取代，并最终演变成为草地。草地则变为荒凉的苔原和冰盖边缘凹凸不平的冰缘区。

全新世间冰期

地质历史中最剧烈的气候变化发生在当前的间冰期，又被称为"全新世"。在经过约10万年的积累后，冰雪厚度达2英里（约3千米）或者更厚，冰川在几千年间消融，以每年几百英尺的速度退缩。约1/3的冰体在距今约1.6万~1.2万年期间融化，此时全球平均气温升高了约5℃，已接近现代的水平。在冰期被停止或严重削弱的深海循环系统开始恢复后，地球从深度冰冻中渐渐温暖起来。

在爱达荷州和蒙大拿州边境上的巨大的冰坝阻隔形成一个几百英里宽和2,000英尺（约600米）深的大型湖泊。距今约1.3万年前，冰坝体突然破裂，湖水喷涌泻入太平洋。其间，大洪水侵蚀形成了奇怪的陆地地貌，被称为"河道疤地"（Channel Scablands）（图195）。加拿大马尼托巴省南部的阿格西湖（Lake Agassiz）是一个大型冰川融水湖，位于正在退缩的冰盖边缘，由冰川磨蚀基岩下陷形成。

当北美冰盖退缩时，融水流入密西西比河，最终汇入墨西哥湾。冰盖退缩超过大湖区之后，融水改为经由另外一条道路流入圣劳伦斯河（St. Lawrence River）。冰冷融水最终注入北大西洋。同时，尼亚加拉河大瀑布（Niagara River Falls）开始切割峡谷，自从冰盖融化以来，其向北跨越了超

图195
华盛顿州西北部哥伦比亚河上的格兰地·库立水坝，可以看到沟渠纵横的地形（照片由美国地质勘探局提供）

过5英里（约8千米）的距离。

冰川快速消融导致了有孔虫类（图196）微体生物的灭绝。当冰川融水洪流和冰山注入北大西洋后，有孔虫类大量死亡。大规模的融水洪流在海洋上层形成冷水层，大大改变了海水盐度。同时，冷水层阻止由热带流向极地的暖洋流，导致陆地温度降低至接近冰期的水平。

距今约1.3万～1.15万年期间，冰盖退缩暂时中断了，该时期被称为新仙女木事件（Younger Dryas），因一种生长在欧洲的北极耐寒开花植物得名。由冰期向间冰期过渡的转换时期，气候重返至接近冰期的水平。之后，暖洋流恢复，温暖气候持续，推动了第二阶段的冰川消融，距今约6,000年前冰量已同现代相当。随着冰盖后退，植物和动物开始返回到北方高纬地区。

冰盖消融时，冰川融水自冰盖底部融水洞喷涌而出，大规模的洪流席卷地表。融水在冰下流动时，冰融水润滑流动的大冰盖，在地表刻蚀出深凹槽，从而在坚硬基岩上发育出陡峭的山脊。洪水激流持续侵蚀，直至冰盖封闭融水洞的出口。当融水压力增大后，另一次大规模冰川融水由冰川底部向外喷涌，奔向海洋。大量的冰川融水洪流携带着沉积物，沿密西西比河奔流进入墨西哥湾，将河道拓宽为现代宽度的几倍。许多其他的河流漫过河岸，形成了新的洪泛平原。

升温为全新世气候最宜期（Climatic Optimum）的开始铺平道路，这个时期始于距今6,000年前的异常温暖湿润期，持续了约2,000年。全新世气候最宜期，世界许多地区气温平均升温了约5℃。冰盖消融将巨量的冰川融水释放至海洋，海平面较全新世开始时升高了300英尺（约180米）。

内陆海充满了沉积物。后期隆升使海水外溢，内陆海演变为盐湖。现今

图196
有孔虫类是重要的造礁生物

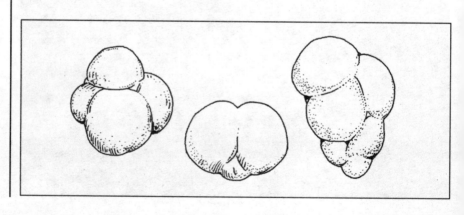

的犹他州大盐湖（Great Salt Lake）就是一个巨大内陆海的残迹物。在距今12，000～6，000年前的湿润期，古大盐湖扩涨为现代面积的数倍，并淹没了周围的岩滩。

大型食草动物的灭绝

距今约300万年前，隔离北美大陆和南美大陆的巴拿马地峡抬升，形成了阻隔大西洋和太平洋海洋物种的有效障碍，使它们开始以各自独立的方式进化。同时，灭绝事件使曾经繁荣的西大西洋动物群枯竭。南美大陆在与世界其他大陆相隔离达8，000万年之后，开始跨过巴拿马陆桥与北美陆生生物频繁交换，导致许多原生物种因无法同新进入生物竞争而灭绝。

南、北美大陆间的连接陆桥也阻止了大西洋寒流进入太平洋。同时，进入北冰洋的太平洋暖流停止，触发了更新世冰期。不同于过去的冰期，更新世冰期生物灭绝比率异常低，可能是由于生物已经能够很好地适应寒冷气候条件。经历过最近300万年间的强烈环境波动后，现生物种非常强壮，此时冰川控制着北半球的大部分地区。

距今1.2万～1万年前之间，末次冰期濒临结束，一次异常的灭绝事件消灭了被称为大型食草动物的陆生植食哺乳动物。这些动物生长发育至巨大的体型，分布于北半球的无冰区。体型巨大可能是由于同某些大型恐龙的生活环境相似，比如丰富的食物来源和居于食物链的顶端。

长毛犀牛、猛犸象和爱尔兰麋鹿在欧亚大陆消失了。非洲野牛、巨羚羊和巨马从非洲消失了。超过80%的大型哺乳动物和大量鸟类在澳大利亚消失了。同时，巨型地懒（图197）、乳齿象和长毛猛犸象（图198）从北美消失了。矮小猛犸象是一个例外，其可能生存直至距今约4，000年前。这些动物的消失也导致了它们的主要捕猎者的灭绝，例如美洲狮、剑齿虎和恐狼等。

距今9，000～8，000年前期间，气候状况较现代干热，全球环境响应气候变化，森林衰落，草地扩张。气候变化破坏了许多大型动物的食物链。当丧失食物来源后，大型动物只能面临灭绝。该时期人类已精通于狩猎，追随退缩中的冰川向北方迁徙。在人类的迁徙过程中，遇到大量的野生动物，许多物种可能由于人类狩猎而导致灭绝。

在北美大陆，哺乳动物的35个纲和鸟类10个纲灭绝。灭绝事件发生在距今1.3万～1万年之间，距今1.1万年前灭绝达到顶峰。体重超过100磅（约45千克）的大型食草动物受到影响，许多体重甚至达到1吨或者更重的动物

图197
灭绝于末次冰期末期的巨型地懒

也消失了。不同于早期的灭绝，这次灭绝事件没有严重影响到小型哺乳动物、两栖类动物、爬行动物和海生无脊椎动物。这些大型哺乳动物在过去200~300万年间曾经受过多次冰期并生存下来，却奇怪地随着末次冰期的结束而灭绝。

在这期间，冰期时古人类占据着北美的大部分地区。古人类用于狩猎的矛头被发现于大型哺乳动物遗体中，大型哺乳动物包括猛犸象、乳齿象、貘、野马和骆驼等。末次冰期时，白令海干涸形成陆桥，古人类经陆桥由亚洲进入北美大陆，并沿加拿大落基山脉东侧狭长的无冰地带迁移。然而古人类往北美的迁移并不是大批进行，而是小队游牧猎人为追逐猎物偶然间通过陆桥，来到北美新大陆。为追逐迁徙的大型食草兽群，由亚洲迁移而来的猎人迅速穿越了原始北美大陆，使大型食草动物因遭受捕猎而灭绝。

第四纪冰川地质

北方地区的大多地貌景观归因于末次冰期时由北极延伸出来的大规模冰川，冰川侵蚀形成了一些独特的地貌形态。冰川融水急流切割侵蚀形成了许多奇特的地形。冰川侵蚀作用的破坏力可由1英里（约1.6千米）或者更厚的流动冰体切割山坡形成深谷（图199）而得到很好说明。冰川侵蚀作用完全改变了原有谷地的形态。冰川末端附近侵蚀作用最为活跃，侵蚀作用下谷坡变得更宽、更平坦。冰川跨过的小山包因受磨蚀，变得更加圆滑。

冰川由山顶往下流动，通过刻蚀和磨蚀产生了大型的凹坑，称为＂冰斗＂（cirque），冰斗位于冰川的上部，呈半圆形剧场形状或圆椅状，岩壁陡立，出口处有凸起的岩槛。冰川侵蚀导致冰斗扩大，斗壁后退，相邻冰斗间产生了刃脊、角峰和隘口。刃脊是一种陡峭、锯齿状或者刃状山脊，形成于邻近冰斗间或平行冰川谷地间的岭脊。隘口是一种马鞍状山口，因冰川溯源侵蚀，冰斗相遇或相交而成。当三个或者更多的冰斗侵蚀相遇，会形成尖状金字塔形山峰，被称为角峰，比如瑞士阿尔卑斯山的著名的马特霍恩峰（Matterhorn）。

冰川会沿山谷向下扩展很远，在冰川前进或者后退过程中碾磨谷底的岩石。结果流动冰体携带岩石沿着谷底移动，像一把巨大的锉刀一样在谷底来回磨蚀。前进的冰川向山脚流动时在谷底留下平行摩擦痕迹，被称为冰川擦痕。距现在冰川下方几英里处，是冰川形成的磨光岩石和布满槽痕岩石区，标志着古冰川的活动范围。北方陆地许多地区布满冰川湖，这是由流动冰川侵蚀出的深坑而形成。

冰川作用的大多证据见于冰碛物、冰碛岩和其他的冰川沉积岩中。冰碛

图198
灭绝于末次冰期末期的长毛猛犸象

257

物（图200）指被冰川携带和堆积的岩石和碎屑物质，以规则线型分布。冰碛物由它们相对冰川的位置而命名。底碛是一个不规则的冰碛覆盖层，主要由冰下沉积的黏土、淤泥和砂组成，是大陆冰川沉积物中最常见的类型。终碛是位于冰川末端的冰碛物，冰川侵蚀岩屑被不断运至末端，围绕冰舌的前端堆积下来并形成垄岗状或堤状的冰碛。当一条冰川在退缩过程中发生几次停顿时，则可形成数道终碛垄。

美国中西部和东北部许多地区的上部被冰川下切侵蚀至花岗岩基底，遗留下大量的岩屑堆积。冰川携带的沉积物覆盖了大部分地表，将老岩层埋在厚层冰碛物之下。冰碛物不发育层理，由冰川堆积的混杂黏土和巨砾组成。底碛通常位于冰川的下部，而消融碛位于冰川表面或者接近表面，当冰融化时发生沉积形成。冰碛岩是巨砾和卵石在黏土基质中胶结固化形成的。冰碛岩由冰川冰沉积，分布于全球各个大陆。

在一些地区，老沉积物被埋藏在厚层冰碛物之下，形成伸展的山丘，以相同的方向排列，被称为冰川鼓丘（图201）。鼓丘长轴与冰川流动方向一致，迎冰面是陡坡，背冰面是缓坡，其纵剖面为不对称的上凸形。鼓丘集中出现于北美、斯堪的纳维亚、不列颠和一些其他被冰体覆盖的地区。鼓丘田可能包含上万个圆丘，看上去像成列的鸡蛋。当前人们对鼓丘的认识不多，为什么它们呈独特的椭圆形外观仍然是一个谜。北美的巨大鼓丘田可能是在大冰盖融化时由灾难性洪水所生成。

羊背石与鼓丘相似，形成于冰川作用于出露表层时，因其与绵羊脊背相似，故称羊背石。羊背石是冰川基床经冰川侵蚀形成的形状不一、非对称的小丘。迎冰面经冰川磨蚀而光滑，背冰面因冰川拔蚀作用坡陡、凹凸不平。将羊背石两边分开的脊线垂直于冰盖的主流线。

冰盖边缘是高低不平的冰缘区。冰缘区沿着冰盖前端分布，受冰川直接控制。自冰盖吹下的寒冷冰川风影响着冰缘区，形成了冰缘区的气候环境。冰缘区被冻胀作用、融冻崩解作用和冻融分选作用等过程控制，导致岩石崩

图200
科罗拉多州萨密特县朵拉山脉顶部的冰碛物和鲍威尔峰(照片由O. Twito摄影，美国地质勘探局提供)

图201

马萨诸塞州米德尔塞克斯郡县的冰川鼓丘
(照片由J．C．Russell拍摄，美国地质勘探局提供)

解，产生巨石原地铺盖的现象，又叫做石海。

　　漂砾（图202）是包围在冰碛物中或暴露于表面，由冰川搬运的岩块，其指示着冰川流动的方向。冰川漂砾可从鹅卵石那么大直到巨砾，搬运距离

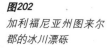

图202

加利福尼亚州图来尔郡的冰川漂砾

可超过500英里（约800千米）。构成漂砾的岩石类型多样，其可用于追溯漂砾的物源地。已知源地的漂砾，可被用作确定物源区和冰碛物运移的距离，其标志包括特定的外观、矿物组合和化石成分。漂砾通常排列成漂砾群，由源自同一物源区、沿冰川流动方向分布的一系列漂砾所构成。漂砾群常呈扇形，扇间指示着冰川流动而来的方向。

　　冰碛包括由冰川冰沉积或者冰川补给的河流、湖泊沉积的各种岩石物质，层厚最深处位于埋藏谷地。冰碛被分成两种类型：一种是冰川冰直接沉积的冰碛物，不存在或可见微弱的分选性，随意堆积；另一种是层状冰碛，由冰川融水沉积的分选良好、发育层理的冰碛物。冰川融水形成的水流会再次作用于冰川物质，其中部分被携带至不流动的水体中，形成层带状沉积物，被称为冰川纹泥。

　　蛇形丘（图203）是一种狭长而又弯曲如蛇的垄岗，主要由冰川融水砂砾堆积物组成。蛇形丘蜿蜒延伸，坡度较大，丘脊狭窄，长可达500英里（约800千米），但是很少超过1，000～2，000英尺宽和150英尺（约45米）高。蛇形丘可能是由冰盖下隧道中的水流形成的。冰川消融时期融水在冰川底部流动，形成冰下隧道，隧道中的冰融水携带砂砾沿途搬运不断填充隧道，待冰体全溶后出露而成。在冰川湖泊的边缘，蛇形丘可连接形成冰水三角洲。

图203
威斯康星州的蛇形丘（照片由W. C. Alden摄影，美国地质勘探局提供）

　　冰碛阜是主要由砂和砾石组成的低矮砂石堆，形成于冰盖前缘或消融冰川的边缘。冰川冰缓慢消融期，冰碛阜见于地表存在大量粗糙物质的区域。冰川融水足以重新分布碎屑物，并沉积在退缩冰体的边缘。大多数的冰碛阜很矮小，呈不规则的圆锥状，层理较粗，颗粒较大，常成群分布，伴随终碛和大陆冰川出现。冰碛阜可能是代表了停滞冰川沉积填充物。融水自冰川顶部流入光秃的地表，沉积物堆积，从而形成冰碛阜。

　　第四纪大冰期仍未远离，只是我们幸运地生活在冰期之间的温暖间冰期。也许几千年后，大冰盖会再次暴发，摧毁它们前进道路上的所有事物。北方城市惨遭破坏所产生的碎片，将紧随前进冰川，被向南推移数百英里。全球气温将急剧下降，植物和包括人类在内的动物纷纷向热带地区迁移。

结语

  在完成了这趟地质历史的旅程后，我们更应该重视当今地球上的生物多样性。然而正如书中所述，在地球演化历程中，生物因灭绝事件曾多次遭受重创。之后生物重新复苏，且多样性更强，为此今天的地球上分布着各种各样的生物，物种丰富程度超过任何地质历史时期。人类应该为那些掠夺生物生存空间、破坏自然资源的行为而感到羞愧。

专业术语

abyss **深渊**：深海，通常深度超过一英里

Acanthsostega **棘螈**：一种已灭绝的古生代两栖动物

accretion **吸积 天体增大**：因重力吸引星际间的气体和粉尘而引起星子、月球或行星的增大

age **期**：地质年表中比世更小的时间单位

albedo **反照率**：物体表面反射太阳光的数量多少，其取决于物体自身的颜色和表面粗糙度

alluvium **冲积层**：流水淤积产生的沉积层

alpine glacier **高山冰川**：山地冰川或山谷冰川

amber **琥珀**：埋藏地下后经化学交换和挥发性组分流失而达到稳定状态的化石树胶

ammonite **菊石**：大量存在于中生代的头足纲动物的螺旋形、扁平的化石外壳

amphibian **两栖动物**：一种两栖纲的具四肢的冷血脊椎动物，此类动物属于

由鱼类向爬行动物演化进程的中间阶段

andesite **安山岩**：介于流纹岩和玄武岩间的中性火成岩

angiosperm **被子植物**：一种通过种子进行有性繁殖的开花植物

annelid **环节动物**：环节动物门的一种似虫的无脊椎动物，其特征为身体呈分节状，具明显的头部和附肢

archaeocyathan（archaeocyathids）**古杯类**：一种与海绵和珊瑚相似的已灭绝的前寒武纪生物，古杯类是地史上最早的造礁动物

Archaeopteryx **始祖鸟**：一种乌鸦般大小的侏罗纪时期原始鸟类，具有牙齿及长而多骨的尾巴，它可能代表了爬行动物与鸟类间的转变形式

archea **古细菌**：一种类似细菌的原始生命，生活于水热环境中

Archean **太古代**：前寒武纪重要的地质年代，时间跨度为距今40亿～25亿年前

arthropod **节肢动物**：无脊椎动物中最大的门类，包括甲壳纲动物和昆虫，其特征为有连接附肢的外骨骼和分节的身体

asteroid **小行星**：一种围绕太阳旋转的岩石性或金属性的小型天体，其运行轨道多集中在火星和木星的轨道及太阳系形成所产生的剩余物之间

asteroid belt **小行星带**：火星与木星运行轨道之间的小行星集中区域，呈环带状

Azoic eon **无生代**：地球演化历史上生命出现之前的地质时期

Baltica **波罗地大陆**：古生代欧洲古大陆

barrier island **堰洲岛**：一种狭长、标高低，与主要海岸走向平行的沙滩岛，其保护海滩免受风暴的侵蚀

basalt **玄武岩**：一种富铁镁的黑色火山岩，熔融状态流动性大

batholith **岩基**：巨型的侵入火成岩体，其上表面积大于40平方英里（约100平方千米）

bedrock **岩床**：年轻、松散表层物质下伏的原生岩层

belemnite **箭石**：由灭绝的中生代头足纲动物的内壳形成的尖锥状化石

bicarbonate **重碳酸盐**：碳酸作用于表层岩石而生成的离子物质；海洋生物利用重碳酸盐和钙生成碳酸钙，组建支撑结构

big bang **宇宙大爆炸**：关于宇宙物质起源的一种学说

biogenic **生物沉积**：由植物和动物残骸如外壳等构成的沉积物

biomass **生物量**：在给定单位环境面积中生命物质的总量

biosphere 生物圈：地球中有生命存在的部分，其使所有生物过程和地质过程相结合

bivalve 双壳类：一种软体动物，有由两个开合的瓣组成贝壳，包括牡蛎和蛤

black smoker 海底黑烟柱：富含金属的热液喷出大洋中脊的表面，热液向海底输送的过程中，迅速冷却，溶解金属元素发生沉淀，形成黑烟状的溢出物

blastoid 海蕾：一种灭绝的古生代棘皮类动物，类似于海百合类，体似玫瑰花苞

brachiopod 腕足类：一种浅水生海洋无脊椎动物，具有类似于软体动物的双瓣的外壳，繁盛于古生代

bryophyte 苔藓类：不开花植物，包括苔藓、地钱和金鱼藻

bryozoan 苔藓虫类：一种小型海洋无脊椎动物，形成分支或者扇形结构的群体

calcite 方解石：以自然形式存在的碳酸钙矿物

caldera 火山口：火山顶端的大型凹陷坑，因火山剧烈喷发活动和崩塌而形成

calving 裂冰作用：冰川断裂进入海洋而形成冰山

Cambrian explosion 寒武纪大爆发：因适应生存的空间的扩大（包括众多的动植物栖息地和温和气候），物种在寒武纪爆发式地出现

carbonaceous 碳质的：含碳物质，即像石灰岩这样的沉积岩和特定类型的陨石

carbonate 碳酸盐：含碳酸钙的岩石矿物，如石灰岩和白云岩

carbon cycle 碳循环：碳元素进入大气和海洋，并向碳酸盐岩石转化，再经由火山活动重新回到大气

Cenozoic 新生代：由最近的6,500万年构成的地质年代单位

cephalopod 头足类：一种海生软体动物，如鱿鱼、乌贼、章鱼，其借喷水而运动

chalk 白垩：一种软型的石灰岩，主要由微生物的方解石外壳组成

chert 黑硅石：一种硬度极高的隐晶质石英岩，相似于燧石

chondrule 球粒陨石：见于石陨石的橄榄石和辉石小圆颗粒

cirque 冰斗：一种冰川侵蚀地貌形态，是冰川谷地的上端形成的盆状洼地

class 纲：生物分类学中，介于门和目之间的动、植物分类等级单位

coal 煤：一种化石燃料沉积物，源自变质化的植物体

coelacanth 腔棘鱼类：一种圆鳍的鱼类，起源于古生代，现在主要生存于深海

coelenterate 腔肠动物：一种多细胞的海生无脊椎动物，包括水母、珊瑚等

comet 彗星：一种天体，其起源于围绕太阳作轨道运动的彗星云，当进入太阳系时，出现由气体和粉尘微粒构成的长彗尾

conglomerate 砾岩：由胶结的粗、细颗粒的岩石碎片构成的沉积岩

conodont 牙形石：一种古生代的牙状形的化石，可能是一种已灭绝海生脊椎动物的残骸

continent 大陆：由轻花岗岩漂浮在上地幔高密度岩石之上而构成的大块陆地

continental drift 大陆漂移：关于大陆在地球表面漂移的学说

continental glacier 大陆冰川：覆盖大陆部分地区的冰盖

continental shelf 大陆架：大陆板块的近岸区

continental slope 大陆坡：从大陆架向深海盆过渡的斜坡

convection 对流：一种环流，流动介质因底部加热而发生垂向流动；当介质受热，密度减轻而向上运动，受冷则密度增大而向下沉降

coquina 贝壳灰岩：一种质软、多孔的灰岩，主要由海洋化石的碎片构成

coral 珊瑚：大量浅水、底栖的海洋无脊椎动物，组成温暖海域中的造礁集群

Cordillera 科迪勒拉山系：包括北美的落基山脉、喀斯喀特山脉、内华达山脉和南美安第斯山脉的褶皱山系

correlation 地层对比：通常根据古生物化石特征作地层层位上的比较，进而证明不同地区的地层单位，是否在层位上相当、在时间上相近

craton 克拉通：大陆内部长期稳定的构造单元，通常由前寒武系岩石构成

crinoid 海百合：一种棘皮动物，形态同百合花，长柄上连着方解石质的花托

crossopterygian 总鳍鱼：一种已灭绝的古生代鱼类，被认为是陆生脊椎动物的祖先

crust 地壳：行星或月亮最外面的固态层（岩层）

crustacean 甲壳类：一种节肢动物，其特征为口前有两对、口后三对触角状的附肢，包括虾、螃蟹和龙虾

diapir 底劈：密度较小的岩石（如岩盐、石膏或泥岩等）向上流动，拱起甚

至刺穿上覆岩层

diatom **硅藻**：微小植物，其化石外壳形成被称为"硅藻土"的硅质沉积物

dinoflagellate **腰鞭毛虫**：浮游的单细胞原生动物，在海洋食物链中起重要作用

dolomite **白云岩**：一种似石灰岩，富含氧化镁的沉积岩

drumlin **鼓丘**：由冰碛组成的流线型冰川堆积地形，长轴与冰流方向平行

dune **沙丘**：由风吹积而成的沙山，通常是移动的

earthquake **地震**：因地质营力作用岩层沿活动断层突然断裂

East Pacific Rise **东太平洋海岭**：沿东太平洋东部南北向延伸的大洋中脊系统，是海底热泉和海底黑烟柱的主要分布地点

echinoderm **棘皮动物**：海生无脊椎动物，包括海星、海胆和海参

echinoid **海胆**：属于海胆纲的棘皮动物，包括沙钱和海胆

ecliptic **黄道**：地球运行轨道与天球的交界面

ecology **生态学**：以有机体与其生存环境之间关系为研究对象的科学

ecosystem **生态系统**：生物群落及其环境形成的生态单位，它作为一个整体独立发挥作用

Ediacaran **艾迪卡拉动物群**：众多独特、已灭绝的前寒武纪晚期的古生物

environment **环境**：影响生物的生存和进化的复杂自然和生物因子

eon **宙**：最长的地质年代单位，约十亿年或更长的时段

epoch **世**：比纪短、较期长的地质年代单位

era **代**：地质年代表中介于宙和纪之间的地质年代单位

erosion **侵蚀**：由风和流水等自然过程而使表面物质磨损、消耗

erratic **漂砾**：由冰川搬运而来，远离其源地的巨型砾石

esker **蛇形丘**：由冰川融水淤积砂砾而形成的长而窄的脊状物

eukaryote **真核生物**：一种高度进化的有机体，拥有一个细胞核，其通过系统行为分裂遗传物质

eurypterid **广翅鲎**：一种与鲎相关联的大型古生代节肢动物

evaporite **蒸发岩**：封闭区域海水被蒸发而形成盐、硬石膏及石膏沉积岩

evolution **进化**：自然和生物要素随时间变化的趋向

exoskeleton **外骨骼**：无脊椎生物的可提供保护的坚硬的外部结构，包括角质层和外壳

extinction **绝灭**：相当短的时期内大规模的生物灭绝，有时标志着地质时期

的分界线

extrusive 喷发岩：火山喷发出地球表面的火成岩

family 科：生物分类学上，介于目和属之间的分类等级单位

fault 断层：由于地壳的变动或移动而引起的在岩石构成连续性上的破裂

feldspar 长石：一种成岩矿物，主要存在于火成岩、变质岩及沉积岩中，地球的地壳中约60%是长石

fissure 裂隙：地壳上延伸较长的地裂缝，岩浆沿其喷发至地面

fluvial 冲积物：河流沉积作用形成的堆积物

foraminifer 有孔虫：一种可分泌碳酸钙的原生动物，生活在表层海水，死亡后其钙质外壳是形成海底石灰岩沉积物的原始成分

formation 组：岩石地层单位系统的基本单位

fossil 化石：埋置并保存于地层中的古生物遗体、印痕和遗迹

fossil fuel 化石燃料：埋藏地层中的不同地质年代的植物、动物遗体所形成的能源资源，包括煤、石油、天然气等；燃烧过程，化石燃料会释放出二氧化碳

fusulinid 纺锤虫：一种已灭绝的有孔虫目原生动物，形似米粒

galaxy 星系：是一个包含恒星、气体的星际物质、宇宙尘和暗物质，且受重力束缚的聚集体

gastrolith 胃石：一种动物所进食的石头，用来帮助碾磨食物

gastropod 腹足动物：属于软体动物中的一个大纲，包括蛞蝓、蜗牛，特征是具有一单个通常是卷起来的壳

genus 属：生物分类学中，动植物的介于科与种之间的生物分类等级单位

geologic column 地质柱状剖面：一个地区的地质单元系列用柱状图解方式表达

geothermal 地热：由地球内部热量而形成的热水或蒸汽

geyser 间歇泉：间歇性喷出热水和蒸汽的温泉

glacier 冰川：由于一个地区冬季降雪积累超出夏季消融，而形成缓慢流动的巨大冰体

***Glossopteris* 舌羊齿**：晚古生代南方大陆所特有的植物，北方大陆未有发现，它是冈瓦纳古陆存在的证据

gneiss 片麻岩：一种叶片状变质岩，成分通常与花岗岩相似

Gondwana 冈瓦纳古陆：一个假设的古生代时存在于南半球的古大陆，由非

洲、南美共同组成，其在中生代逐渐解体，形成现代的海陆分布

granite 花岗岩：一种常晶粒粗糙、富含硅质的火成岩，主要由石英、长石组成

graptolite 笔石：已灭绝、树枝形的古生代浮游动物

greenhouse effect 温室效应：二氧化碳和水蒸气等温室气体将热量捕获于地面–低层大气系统之内

greenstone 绿岩：呈绿色的一种变质火成岩

greenstone belt 绿岩带：指前寒武纪地盾中呈条带状分布的变质基性火成岩地区

gypsum 石膏：一种白色或无色的硫酸钙矿物，形成于盐池的蒸发；煅烧后用于制作熟石膏

Hallucigenia **怪诞虫**：早寒武纪一种怪异的动物，具高跷状长腿，沿背部多只口

hexacoral 六射珊瑚：具有六个隔壁的珊瑚纲动物

horn 角峰：因冰川侵蚀而形成的金字塔形尖峰

hydrocarbon 碳氢化合物：由碳链和氢原子构成的有机化合物分子

Iapetus Sea 亚皮特斯海：联合古陆形成之前，分布于现今大西洋海域的古海洋

ice age 冰期：地球上大面积地区为大量冰川所覆盖的时期

ichthyosaur 鱼龙：一种已灭绝的中生代水生爬行动物，体形呈流线，喙长

Ichthyostega **鱼石螈**：一种已灭绝、体形似鱼类的古生代两栖动物

impact 撞击：天体碰撞地球表面而留下碰撞坑

index fossil 标志化石：指能够用以确定其产出地层时代的有代表性的化石

interglacial 间冰期：两相邻冰期间的温暖期

invertebrate 无脊椎动物：贝类、昆虫等具有外骨骼，背侧没有脊柱的动物

iridium 铱：铂的一种稀有同位素，于陨石中富集

island arc 岛弧：位于大陆边缘与海沟平行排列的弧形火山岛，其位于俯冲板块的熔融区之上

karst 喀斯特：裂隙、落水洞、洞穴等组成的灰岩区地貌形态

lacustrine 湖泊的：生活在或形成于湖泊中的

Laurasia 劳亚大陆：地质史上由联合古陆北端分裂而成的古陆，包括今天的北美大陆和亚欧大陆

Laurentia 劳伦西亚：古北美大陆

lava 熔岩：溢出地表的岩石融化物

limestone 石灰岩：由海洋无脊椎动物分泌的碳酸钙构成的沉积岩，大部分的沉积物源自无脊椎动物的外骨骼

lithosphere 岩石圈：由地壳和上地幔顶部组成的岩石，包括大陆地壳和大洋地壳，地球表面和地幔之间的岩石圈循环通过对流来实现

lithoshperic 上地幔：地幔顶部的岩石圈部分，在构造活动中与其他板块相互作用

loess 黄土：厚层风成沉积的大气粉尘

lungfish 肺鱼：在水中和陆地上均能呼吸的硬骨鱼类

lycopod 石松属：古生代森林中最古老的树状蕨类植物，现今包括石松、地钱

lystrosaurus 水龙兽：一种已灭绝、似哺乳动物的古爬行动物，具有向下的长獠牙

magma 岩浆：生于地球内部深处，高温的熔融物质称之为岩浆，其形成火成岩

mantle 地幔：位于地壳和地核之间的地球的中间层，主要由致密的造岩物质构成，其可能会处于对流状态

maria 月海：月球表面因大量玄武岩泛滥而形成的暗色平原

marsupial 有袋动物：用腹部育儿袋养育后代的原始哺乳动物

megaherbivore 大型草食动物：一种大型的草食性动物，如象和已灭绝的乳齿象

Mesozoic 中生代：指距今2.5亿到距今6,500万年之间的地质时期

metamorphic rock 变质岩：火成岩、变质岩或沉积岩原岩在高温高压条件下，未经熔化而结晶的新岩石

metamorphism 变质作用：由极度的热力、压力条件下，引起火成岩、变质岩或沉积岩原岩重结晶或岩石构造的变化

metazoan 后生动物：原始的多细胞动物，由机能有分工的细胞构成

meteorite 陨星：从外层空间坠落到地球表面的石头或金属天体物质

methane 甲烷：有机物质分解而释放出的碳氢化合物气体，是天然气的主要组成部分

microfossil 微体化石：利用显微镜才能进行观察和研究的个体微小的化石，

可用来确定钻屑的年代

mollusk **软体动物**：无脊椎动物中的一个大类群，包括蜗牛、蛤蜊、乌贼和已经灭绝的菊石，具有套膜和保护性的钙质壳

monotreme **单孔目动物**：蛋生哺乳动物，包括鸭嘴兽和针鼹

moraine **冰碛**：由冰川携带并在冰川边缘沉积下来的碎屑构成的垄状堆积物

nautiloid **鹦鹉螺类**：体被外壳的软体动物，繁生于古生代，现存的仅有鹦鹉螺属

nebula **星云**：一种云雾状的延展型天体，有时将星系、各种星团及宇宙空间中各种类型的尘埃和气体都称为星云

Neogene **新第三纪**：新生代晚期的一个地质时代单位，它把中新世和上新世合在一起

nutrient **养分**：生物食物中的营养成分

oolite **鲕粒岩**：含有圆形小颗粒的石灰质岩石

Oort cloud **奥尔特云**：距离太阳约一个光年、包围着太阳的球体云团，其内布满着彗星

ophiolite **蛇绿岩**：由于板块构造运动，大洋地壳碰撞大陆而形成的岩套

ore body **矿体**：在含矿热液活动过程中，有价值的金属矿物在一定的构造、岩石环境中富集，形成矿体

orogens **造山带**：暴露的强烈构造隆升带

orogeny **造山运动**：产生山脉的地壳构造运动事件

outgassing **释气**：由行星或陨星内部排放出气体的过程

ozone **臭氧**：是由三个氧原子构成的氧的同素异形体，存在于大气层上部的微量气体，吸收太阳释放出来的绝大部分紫外线，使动植物免遭这种射线的危害

Paleogene **老第三纪**：将新生代的古新世、始新世和渐新世合并在一起的一个地质时代单位

paleomagnetism **古地磁学**：研究地质时期地球磁场的一门科学，包括地球磁极的位置和极性

paleontology **古生物学**：通过动植物化石记录来研究古生物和生活环境的学科

Paleozoic **古生代**：从距今5.7亿年前的前寒武纪结束到距今2.5亿年前中生代开始之前的地质时期

Pangaea 联合古陆（泛古陆）：古生代时期包括地球上所有陆地的原始陆块

Panthalassa 泛大洋：包围泛古陆的古海洋

peridotite 橄榄岩：地幔中普遍存在的超基性火成岩

period 纪：一个时间比代短比世长的地质时代单位

photosynthesis 光合作用：植物在可见光的照射下，将二氧化碳和水转化为碳水化合物，并释放出氧气的生化过程

phyla 门：体形相似的生物构成的分类学单位

phytoplankton 浮游植物：微小的、海洋或淡水生、自由浮动的单核植物群

pillow lava 枕状熔岩：海底因挤压而形成的枕状扁平熔岩

placer 砂矿：冰川融水冲积沉积物，矿脉中的重矿物质因河流冲刷而富集

placoderm 盾皮鱼纲：脊索动物门中已灭绝的一个纲，具骨质甲片和上、下颌

planetesimals 星子：数量众多的微小天体，其在太阳系形成的早期阶段而共生

plate tectonics 板块构造说：认为地球岩石圈板块与板块之间相互作用引起地球表面主要构造特征的理论

pluton 深成岩体：较其围岩年龄轻、侵入于地壳之中的一种火成岩体，由炙热的岩浆融化周围的岩石而形成

prebiotic 前生物期的：地球演化早期阶段、生命存在之前的状况

precipitation 沉淀：矿物质从海水中沉降下来的过程

primary producer 初级生产者：居食物链最底层的成员

primordial 原始的：与发展、发育最早阶段的原生状况相关的

prokaryote 原核生物：由原核细胞组成的原始生物，缺少一个成形的细胞核

protist 原生生物：一种单细胞的生物体，包括细菌、原生动物、藻类和真菌

pseudofossil 假化石：形似某些动植物遗骸的无机物体，如石结核

pterosaur 翼龙：一种已灭绝的能飞行的爬行动物，生活在中生代，具有蝙蝠状的双翼

radiolarian 放射虫：一种海洋微生物，其硅质外壳是构成硅质沉积层的重要组分

radiometric dating 同位素年龄测定：通过分析稳定同位素与非稳定放射性同位素的数量比来测定地球物质的形成时间

redbed 红层：胶结高铁氧化物的红色沉积岩

reef 生物礁：生活于岛屿或大陆边缘的生物类群，其生物遗体所形成的灰岩沉积物

regression 海退：海平面下降，大陆架暴露而遭受侵蚀

reptile 爬行动物：一种用肺呼吸的、冷血、卵生的脊椎动物，具有鳞状外皮

Rodinia 罗迪尼亚超级大陆：前寒武纪超级大陆，其分裂触发了寒武纪生物大爆发

sandstone 砂岩：砂粒级沉积物经胶结作用而形成的一种沉积岩

sedimentary rock 沉积岩：松散沉积物经胶结固结作用形成的岩石

shale 页岩：一种细粒、易裂的沉积岩，由固结的黏土或泥土构成

shield 地盾：裸露的前寒武纪陆核区

species 物种：由能够进行杂交、特征相似的生物体组成的基本分类单位

spherules 球粒：玻璃质的小球粒，见于特殊类型的陨石、月球土壤和大的陨石撞击点

strata 地层：层状的岩石，或称岩床

stromatolite 叠层石：由细菌或藻类生命活动所引起的周期性碳酸钙矿物沉淀，而形成叠层状的生物沉积构造，过去的35亿年来一直存在

subduction zone 俯冲消减带：大陆边缘的海沟区，大洋板块俯冲插入大陆板块之下而沉入上地幔深海沟表示出俯冲消减带在地球表面的位置

supernova 超新星爆发：大质量的恒星在演化接近末期时经历的一种剧烈爆炸，它的核心部分被吹入星际空间

tectonic activity 构造运动：地质历史时期大规模的岩石圈运动而形成地壳

tephra 火山灰：火山喷发喷射入大气的固体物质

terrestrial 地球的：关于或属于地球的所有现象

Tethys Sea 特提斯海：中生代中纬度地区的古海洋，其将南半球的冈瓦纳古陆与北半球的劳亚古陆分开，又成古地中海

tetrapod 四足类：有四只脚的脊椎动物

thecodont 槽齿类：已经灭绝的一类爬行动物，恐龙、鳄类和鸟类都是从槽齿类演化而来的

therapsid 兽孔目：和哺乳动物相似的爬行动物，已灭绝

therian 兽亚纲：兽亚纲是胎生的哺乳动物

thermophilic 嗜热的：生活在热水环境的原始生物所具有的

tide 潮汐：由月球和太阳的重力吸引与地球的自转运动相结合而造成的地球

海洋水面高度的逐渐升高和逐渐下降

till 冰碛物：冰川后退过程，冰川冰直接形成的非层状、分选性差的沉积物，其胶结为冰碛岩

tillite 冰碛岩：由未经分选的、无层理的杂砾经胶结而形成的碎屑沉积岩

transgression 海侵：因海面上升或陆地下降，造成海水对大陆边缘地区侵进的地质现象，又称海进

trilobite 三叶虫：一种已灭绝的海洋节肢动物，身体分节，有带沟将身体一分为三个垂直的叶，体被壳质外骨骼

tundra 冻土地带：北极高纬度地区永冻土地带

type section 标准剖面：根据层型选定的典型剖面，作为本地区对比标准的剖面，称为标准剖面

ultraviolet 紫外辐射：波长介于可见紫光与X射线之间的不可视辐射

varves 纹泥：冰川融水沉积而成的薄层冰川湖沉积，又称季候泥

vertebrates 脊椎动物：具真正内骨骼的动物，包括鱼类、两栖动物、爬行动物和哺乳动物

volcanism 火山作用：与火山活动有关的现象

volcano 火山：炽热岩浆沿地壳裂缝或火山口喷出地表，喷出物质堆积作用而形成的构造物

zooplankton 浮游动物：在海水或淡水中能够自由浮游的微小生物

译后记

地球是人类的家园，我们的家园——地球正承受着日益严重的资源枯竭与环境恶化的双重压力，人地矛盾从来没有像今天这样尖锐，而地球演化历史和生物演化进程就记录在岩层之中，"将今论古"、"以古论今"，认识地球的"过去"才能充分地呵护它。我们只有全面了解地球的形成和演化历程及其规律，才能深刻认识现在地球的危急形势，从而增强保护环境和保护地球的意识，构建和谐共生、持续发展的人地关系。

乔恩·埃里克森（Jon Erickson）先生的著作《生命的舞台——地球历史演义》，是一本面向青少年读者的优秀科普读物。

一年前我有幸与乔继英博士共同着手翻译此书，我负责翻译1～3章、11～14章及术语表，乔博士翻译4～10章。本书以时间为主线，系统介绍46亿年以来的地球演化和生物进化历史，内容精炼、语言通俗易懂，具有较高的可读性。

翻译是一项语言转换工作，尤其本书的定位是面向青少年读者的科普读物，尽管译者在翻译过程中尽可能地追求"信"、"达"、"雅"的目标，但由于受译者知识水平和时间限制，译文书中的疏漏在所难免，敬请广大读者批评指正。

　　译者首先感谢本书原作者埃里克森先生！感谢中国地质大学（武汉）地球科学学院林晓老师对本书翻译工作提供的大力帮助，反复探讨，对于加深原文读解和提升译文科学性至关重要。感谢首都师范大学出版社杨林玉编辑，妥善协调译文校对、出版事宜，自始至终对本书的翻译给予了真诚的关心和支持，译者深表谢意！

王朋岭

2009年4月于北京